景观设计学教育参考丛书

深圳市生态线内村庄更新发展示范设计

Visions of a village Renovation inside the Protected Eco-zone of Shen zhen

——景观设计学模块化教学案例

A Student Project about Sustainable Landscape Architecture

主编　韩西丽　　［西］弗朗西斯科·朗格利亚　李迪华

Edited by XiLi Han，Francisco F.Longoria and Dihua Li

U0318839

中国建筑工业出版社

CHINA ARCHITECTURE & BUILDING PRESS

图书在版编目（CIP）数据

深圳市生态线内村庄更新发展示范设计——景观设计学模块
化教学案例/韩西丽，（西）朗格利亚，李迪华主编．—北京：
中国建筑工业出版社，2016.7
　（景观设计学教育参考丛书）
　ISBN 978-7-112-19316-5

　Ⅰ．①深…　Ⅱ．①韩…②朗…③李…　Ⅲ．①景观设计－案
例－深圳市　Ⅳ．①TU986.2

　中国版本图书馆CIP数据核字（2016）第067393号

责任编辑：杜　洁　李　杰
责任校对：刘　钰　张　颖

景观设计学教育参考丛书
深圳市生态线内村庄更新发展示范设计
——景观设计学模块化教学案例
主编　韩西丽　　（西）弗朗西斯科·朗格利亚　李迪华

*

中国建筑工业出版社出版、发行（北京西郊百万庄）
各地新华书店、建筑书店经销
北京京点图文设计有限公司制版
北京盛通印刷股份有限公司印刷

*

开本：787×1092毫米　1/16　印张：9¾　字数：240千字
2016年7月第一版　2016年7月第一次印刷
定价：**88.00**元
ISBN 978-7-112-19316-5
（28549）

"景观设计学教育参考丛书"总序

景观设计学是对于土地及土地上空间和物体所构成的地域综合体的分析、规划、设计、改造、管理、保护和恢复的科学和艺术。景观设计学尤其强调对于土地的监护与设计，是一门建立在广泛的自然科学和社会科学基础上的综合性较强的应用学科，与建筑学、城市规划、环境艺术等学科有着紧密的联系，并需要地理学、生态学、环境学、社会学等诸多学科背景的支持。

在我国城市迅速发展的背景下，景观设计学所承担的责任显得愈发重要。在城市建设快速发展的情况下，在前所未有的发展机遇面前，我国同样面临着严峻的挑战。由于长期以来片面追求经济发展，我国显现出日益突出的人地关系危机。值得庆幸的是，近些年来政府管理者清醒地认识到这些问题，及时做出转变，明确提出用科学发展观指导城市建设，强调人与自然和谐共存的可持续发展理念，中共十七大更加明确提出生态文明的重要性。在这样宏观政策的指引下，面对时代赋予的使命，我国的景观设计专业人才培养也显得愈发重要，培养适应我国当前需要的景观设计专业人才已刻不容缓。

然而，总体来说，我国当代的景观设计学教育还处在初级阶段，学科建设与教学体系还很不完善，各学校之间各自独立，没有形成相对统一的教学模式与教育体系。这对于我国景观设计学学科发展和人才培养显然是不利的。

面对如此的趋势与需求，以北京大学为首的各高等院校相继开设景观设计学专业，学科教育联盟雏形已现，教学体系也在探索中逐步走向完善。在各高等院校大力支持与配合下，北京大学建筑与景观设计学院在吸取国外学科建设模式经验的基础上，逐步探索出一套适应于我国国情的景观设计学专业与学科教育体系。为了促进我国景观设计学科发展，为国家培养和输送更多的专业人才，北京大学景观设计学研究院牵头联合各院校推出景观设计学教育参考丛书。本套丛书收录了优秀的景观设计学课程教学案例，旨在为我国景观设计学专业教育提供更新、更完善的思路，为开展相关专业的各院校搭建一个交流平台，使学科得以良好健康地发展，为我国构建可持续发展的和谐人地关系贡献更多专业人才。

俞孔坚

序

北京大学深圳研究生院景观设计学 2011 级城市设计课程工作坊结合了我以前在其他大学的授课经验，这些学术原理经过深入思考并被运用于此次教学实践中。本次工作坊选取深圳大都市区域近郊的金龟村作为研究地，这是一个有趣的山谷，自然环境优良，并且拥有一些有价值的历史点，综合起来看具有服务于周边人群的潜力。目前这里的土地由一家开发公司租用开发，他们提供了基本的工作资料和信息，当地的市、区政府也参与了这次课程实践。

工作坊的学术原理和实践步骤简要如下：

工作坊始终坚持将理论和实践相结合，避免理论课程与设计练习脱离。设计中的要点、机遇和关键问题由快速获取的信息在实地分析。关于场地的评价和设计策略则通过正式讨论和一系列课程指导在工作室中被详尽地阐述。

方法论不是一成不变的，也不是全面的或者通用的。本次工作坊在开始的几节课上向同学们介绍城市设计及景观设计的理论与方法，随后的现场踏勘及工作坊练习也参考了其他设计院校设计工作坊已经或者正在运用的工作步骤。

工作坊往往受时间短的限制，需要快速获取和分析信息。学生们进行了详尽地现场踏勘。结论与提出的目的和概念相一致。个体参与者、学生小组和教授之间的讨论贯穿于整个工作坊的教学过程中。

方法是不断改进的，而不是全面的、主题式的或者只与引起的相关联的结果有关的。工作小组及个人产生的想法可以反馈至前期所使用的方法中，思想是开放的，一些个人直觉可能会成为"有价值的思想"，创造性思维在此次工作坊中得到了充分的鼓励。

参与工作坊的学生具有不同的专业学习背景，大部分学生来自农学院和林学院的园林设计专业，金龟村课程实践侧重于一种大地艺术项目，没有城市发展和更新的复杂性。

主要结果有：为场地找出恰当的主题、进行主题分析、强调自然空间的转化和对其品质的保护。场地中的重要元素如中心、街道出入口、现有的村庄、需要持续受到保护的河流、林木覆盖的山体以及废弃采石场的岩石，这些都作为塑造新场所品质的基础。

在设计提议中，人群的活动被视作"磁铁"吸引各种类型的游客。人群的活动路线图的制作要基于创造出可选择、可感知的场所。人群活动的结构图应包括到达、停留、参与、隔离、离开以及位置和空间尺度。期望设计什么类型的活动、活动的情形和品质以及活动的构成内容都应在设计中得到清晰的考虑和表达。

小组的提议类似于一个总体空间构架设计，以此来探讨活动、服务和对现有农业、废弃的采掘工业、河流和森林的对策。经过为期两周的紧张工作和讨论，最终由评委团评判。

为了提高学生的创造能力，所有的图都要求手绘。选择某个区域或者局部在两周时间进行设计，成为个人的设计成果，包括建造的或者开放空间的具体化。图纸比例为1∶500、1∶200，但细节设计不受此限制。强调运用手绘彩色草图表达。

最后总结，传统的城市设计技法必须被强调，例如分区、土地功能、街道类型、建筑形状和对自然斑块的处理，而且"人类处境"与空间秩序和设计密切相关。到达、适应、登记、住所选择、参与成组或个人活动会形成不同的主题，就如同学习、休息、思考、观察、演出、放松、享受空间的概念，始终与人类和自然相关。

文化和自然的重要性通过把物质的品质和数量、单个和总体的价值、行为和激情的联系等这些因素融入城市设计中，给予学生在多角度分析场所、其秩序及其改变规律或场所与人类行为之间的相互关系上探索的机会。

为了把对城市环境的不热爱，对没有在侵犯、动乱、隔离、悲伤或者逃避的"城市囚犯"方面有积极改变希望的学生，转化为一个对文化和自然的自由享受以及个人康乐和社会意识关注的学生，希望这些将会影响设计专业学生的价值观，形成一个充满爱和尊重的设计态度。

弗朗西斯科·朗格利亚（Francisco F. Longoria）
西班牙 马德里

课程介绍

"景观设计理论与方法（II）：城市景观规划与设计"（MSLA06）是一门在北京大学深圳研究生院于每年秋季学期为景观设计学专业硕士生开设的核心设计课程之一。本课程采取模块化教学即集中工作室研讨的模式，这种模式在工作过程中需要运用连续的方法以及相关理论，避免了"理论课"和"设计课"之间的断裂问题。该方法具有集成优势，在欧美国家许多大学已经得到较为广泛的运用。课程结合真实项目进行规划设计研讨，旨在培养学生了解城市尺度的景观系统构成、景观过程及其与城市功能之间的相互作用原理，掌握中观尺度景观规划设计所需要的基本理论和方法，并培养学生独立从事城市尺度景观规划设计研究、方案设计、项目管理的综合业务能力。

2011 年秋季学期，作为必修课，深圳研究生院共 32 名景观设计学专业一年级硕士研究生参加了本课程学习，这些学生的专业背景包含生态学、风景园林、城市规划、景观建筑设计、环境工程等多种专业。课程以当前正处在快速城市化及工业化过程中的深圳市坪山区生态线内村庄——金龟村更新发展为例，教学中将学生分为多个设计小组，不同阶段自由重组的方式，按照场地分析、方案设计、小组研讨及成果评析的过程展开教学工作，最后在小组研讨的基础上延伸出个人设计。在学生们以前专业背景不一以及时间限制的前提下，该形式有利于学生之间的合作和相互学习，并做到各尽其长。全班学生的学习热情、设计能力在此次研讨中得到了极大的带动和提升。

本次设计课重点探讨深圳市边缘地带与中心城区在景观自然系统与景观人文系统上的相互依存关系，客观认识和评价位于深圳市生态控制线之内的村落更新及其周边自然区域的可持续利用途径，并在研讨中进一步探讨人性尺度的户外空间设计的理论及方法。这些探讨主题贯穿于整个教学过程中，包括讲座、现场踏勘、工作室研讨、小组讨论以及个人辅导。

从 2011 年 10 月 17 日至 2011 年 11 月 25 日共 38 天，设计组经过大量的调研、研讨、多方案对比研究，其中包括 13 节关于景观规划设计、城市设计理论与方法课的讲解以及 12 节设计辅导课，并于 2012 年 1 月 8 日向当地政府、村委会及开发公司等部门进行了工作汇报，最终圆满完成教学工作，达到了教学的目标，并培养了学生进行景观规划设计的实践能力。

本次研讨课的圆满完成需要感谢许多单位与个人的协作与支持。首先感谢深圳公众力全过程公众参与专业服务机构全体员工及其负责人范军、王文光先生在多次调研、设计汇报阶段给予的协作和支持；其次感谢坪山新区金龟社区书记冯锦平先生在基础信息收集方面给予的支持；再次感谢深圳市坪山新区经济服务局领导王伟雄、蓝必华在各阶段的热情参与和鼓励；最后感谢 32 位学生 6 周紧张、努力的学习以及最后所提交的具有创造性的工作成果。

学生的作品参差不齐，即使优秀的作品也仍然存在不足之处，为了避免其中的"设计错误"再次出现在其他学生的设计作品中，也为了避免学生对于所谓的"优秀作品"的盲目模仿，引导学生客观理性地阅读这些设计作品，本书在每组设计作品之后给出了关于小组以及个人作品的设计评论，以供参考。

韩西丽

目　录

参与人

授课教师

弗朗西斯科·朗格利亚
西班牙马德里建筑学院教授
建筑师，城市设计师
韩西丽
北京大学深圳研究生院城市规划
与设计学院，北京大学建筑与景观
设计学院副教授

评审专家·当地政府人员

范　军　广东省社会科学院公众参与和社会发展研
　　　　究中心副主任，深圳公众力全过程公众参
　　　　与专业服务机构负责人
张西利　深圳西利标识公司董事长
李迪华　北京大学建筑与景观设计学院副教授
冯锦平　深圳市坪山新区金龟社区书记
王伟雄　深圳市坪山新区经济服务局局长
蓝必华　深圳市坪山新区经济服务局副局长
王文光　深圳公众力全过程公众参与专业服务机构
　　　　副总经理

学生·本科毕业院校·专业背景

秦晓晴	北京林业大学 风景园林（课代表）	曲 琛	北京林业大学 风景园林
苏亚辉	北京林业大学 风景园林	陶天然	暨南大学 旅游管理
邓子龙	北京林业大学 风景园林	江湘蓉	四川大学 景观建筑设计
王惠民	湖南农业大学 生态学	胡卜文	西北农林科技大学 园林
杨长营	北京林业大学 城市规划	王润滋	山东大学 建筑学
范 京	北京林业大学 观赏园艺	杨晓东	中国农业大学 园林
龚 钊	华中农业大学 园林	刘 迪	西南大学 园林
唐声晓	华南农业大学 园林	何宇馨	华南理工大学 景观建筑设计
刘 婷	华中农业大学 园林	孙志梅	青岛理工大学 景观建筑设计
吕 琳	中国农业大学 园林	戴芹芹	浙江农业大学 园林
林晨薇	同济大学 景观学	杨 正	东北林业大学 园林
贺 敏	北京林业大学 园林（课代表）	简 婧	中国农业大学 园林
陈雨虹	上海师范大学 园艺	李 朝	北京林业大学 风景园林
孔亮集	西南大学 园林	连 欣	北京大学 城市规划
梁方霖	华中农业大学 城市规划	柯晓媚	中山大学 艺术设计
谢连风	山东建筑大学 园林	王丁冉	南京农业大学 园林
		董连耕	同济大学 环境工程

研讨主题

该课程试图通过现场踏勘、讲座、设计研讨、分组以及对逐个学生进行辅导来探讨三个主题，这三个主题形成了每个小组以及每个学生个人作品的基础，并要求每个学生在自己的设计作品中对这三个主题进行思考。

第一，城市边缘带与中心城区在景观自然系统与景观人文系统上的联系。

国内外学者普遍预测，在未来近十多年时间内，中国的城市化水平将从目前的 40% 达到 65%。快速城市化过程中产生的规模巨大的城乡之间的人口迁移及建设活动，给中国大地带来了前所未有的生态压力。但同时，也是中国社会发展的巨大机遇，它呈现在人们面前的是快速出现的城市新区、层出不穷的新的建设项目，并由此而推动人们对于更高生活质量和环境条件的追求。随着城市建成区的不断扩大，城市对周边区域向其提供新鲜空气、水以及休闲度假机会的需求越来越大。尤其对于那些工作压力大、生活节奏快的大城市居民而言，城市周边以农业文明、完整独特的自然生态环境和地方文化积淀为特色的地域景观而开展的短期休闲度假活动非常具有吸引力，这些目的地逐渐被赋予新的价值[1]。

第二，城市边缘带自然及人文景观自身可持续发展的内在动力。

在尊重地方自然文化历史精神的基础上寻求设计创新，是北京大学景观设计的特色。目前我国城市边缘带和郊区的休闲度假产业包括高尔夫球场、滑雪场、度假村和主题公园等商业性旅游设施和凭借乡村农用地资源而发展起来的休闲农场及观光农园等乡村农业旅游[2]。前者若不建立在场地自身的生态、文化、历史等条件之上，很难引导场地可持续发展，而后者则结合城市边缘带自身发展条件进行适量地开发，包括以特色餐饮美食、采摘垂钓、山野及水体运动、乡村自然环境疗养健身、农事活动等，此更新模式是建立在客观评价当地各种条件的基础之上并创造性地组织和设计更加合理的景观生态、文化和休闲过程，不仅延续了地方自然和文化传统精神，更加重要的是创造了丰富多样的使当代人和谐的生活和活动空间，直接改善我国城乡人民工作、生活环境质量。

第三，基于人体尺度的户外空间设计宗旨与途径。

人体工程学是建筑设计及室内设计专业教育的基础教材，其设计作品必须建立在使用者即人体的尺度之上，从而方便使用。然而，对于跨尺度的户外空间景观设计，如宏观尺度的上千公里长的江河流域、滨海、山谷、森林、历史文化线路等景观设计；中观尺度的城市绿地系统、跨越城市的河流；场地尺度的公园、街头花园、广场景观设计；这种跨尺度增加了景观设计所遵从的尺度规范制定的难度。到目前为止，景观设计仍然缺少人体使用尺度的规划设计规范。但无论是哪个尺度的景观创造，都最终是为人来服务的，不管它是可进入或者只是用来欣赏。因此，在景观设计过程中逐步探索人体尺度设计标准是本课程教育始终如一的目标。

---

1 吴承忠.国外休闲经济：发展与公共管理[M].北京：人民出版社,2008.9.
2 北京市哲学社会科学规划办公室,北京市教育委员会,北京学研究基地等编.北京学研究报告2008[M].北京:同心出版社,2009.5.

第一部分　前期分析

在授课教师与学生多次踏勘现场并了解上位规划、地方政府诉求的基础上，共提取九个对场地景观设计产生关键性环境影响的因子作为前期分析的主题系列，采取自愿领取的形式分发给学生进行相关资料收集及分析研究。九个主题分别是：与周边关系、地形、水文、建筑、植被、河流、交通、岩石和景观意象。

这些自然、建筑和基础设施等方面的现状信息主要是学生们多次踏勘现场所获得，驻扎在此村落的深圳公众力全过程公众参与专业服务机构、金龟村村委会在调研过程中也给予了很大帮助和支持。

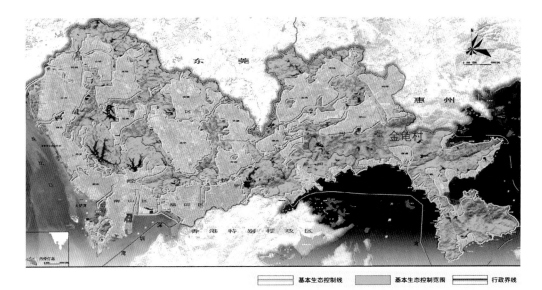

深圳市基本生态控制线范围图

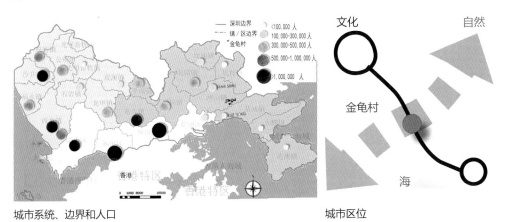

城市系统、边界和人口

城市区位

1. 区位

秦晓晴 苏亚辉 邓子龙 王惠民

深圳市人口主要集中在福田区、罗湖区等临近中国香港的区域。金龟村所处的坪山镇人口较少。

坪山镇和葵涌镇整体的土地利用多为居住区和工业区，开放空间较少；金龟村地处连接两镇的国道上，其周边拥有良好的自然地理环境，包括水库、森林、大山等。

金龟村及临近的坪山镇和葵涌镇居民的职业以在家具及汽车工厂工作为主，农业用地比例很小，从事农业活动的人群数量也很少。

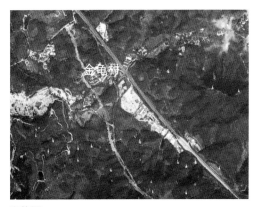

区位图

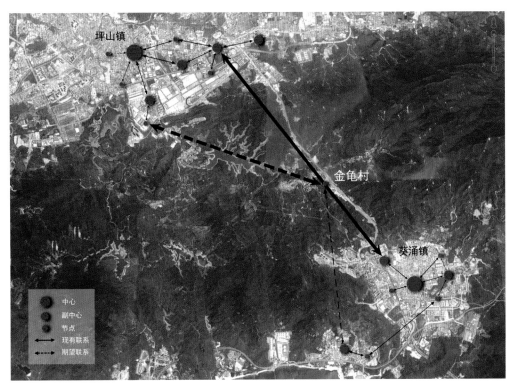

现有场地的联系和期望存在的联系

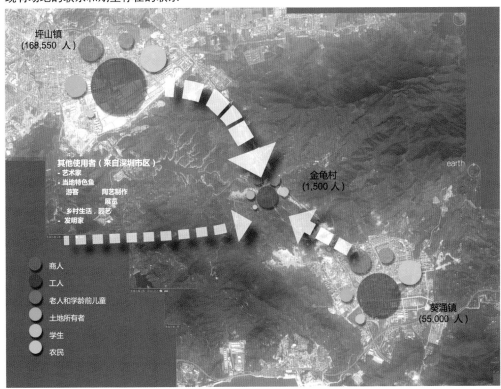

工作人口、类型、位置和使用人群

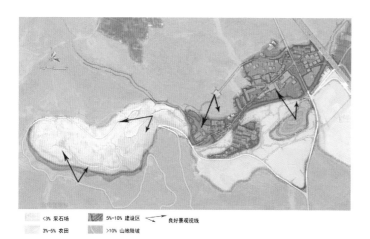

<3% 采石场	5%-10% 建设区	良好景观视线	
3%-5% 农田	>10% 山地陡坡		

场地坡度分析图

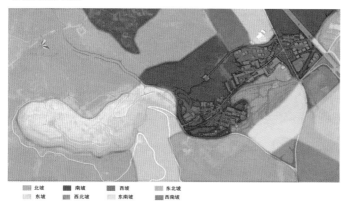

北坡	南坡	西坡	东北坡
东坡	西北坡	东南坡	西南坡

场地坡向分析图

村庄整体风貌

村庄内主要道路

2. 地形

杨长营 范京 龚钊 唐声晓

场地地势东北高西南低，在人为干预下基本上分为三级台地，采石场区坡度在3%～5%，排水良好；建设区坡度在8%左右，有水土流失现象，主要位于场地西南坡向；山林区平均坡度在30%以上，植被生长良好。

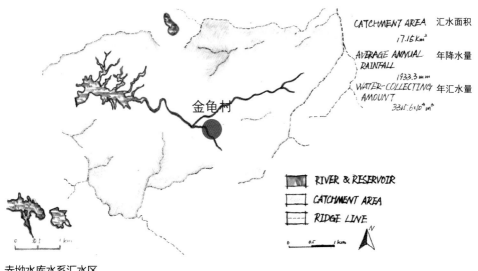

CATCHMENT AREA　汇水面积
17.16 Km²
AVERAGE ANNUAL
RAINFALL　年降水量
1933.3 mm
WATER-COLLECTING
AMOUNT　年汇水量
3315.6×10⁴ m³

金龟村

▨ RIVER & RESERVOIR
▢ CATCHMENT AREA
┈ RIDGE LINE

赤坳水库水系汇水区

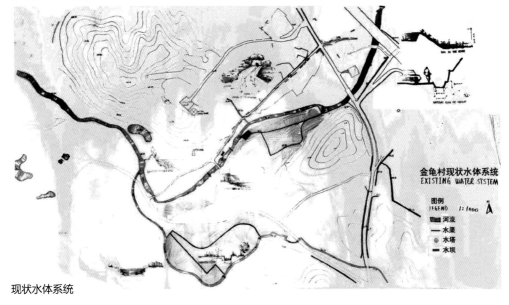

金龟村现状水体系统
EXISTING WATER SYSTEM

图例
LEGEND　1:1000
▨ 河流
— 水渠
⊙ 水塔
— 水坝

现状水体系统

3. 水文

连耕 刘婷 吕琳 林晨薇 贺敏

采石场内的湿地

金龟村水文特征如下：第一，场地总降雨量大，自然洁净水源充足；第二，存在明显的干湿季，雨水资源分布不均；第三，场地地形起伏大，自然地标被严重破坏，雨水汇集快，水土流失严重；第四，水系网络紊乱，洁净水系与污水体系不分，污水不经处理直接排放；第五，水源滥用严重，水体污染加剧。

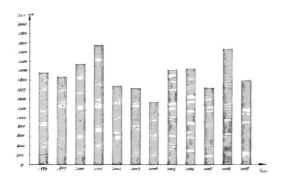

THE PRECAPITATION OF SHENZHEN FROM 1998-2009

深圳市年降水量 1998 ～ 2009 年

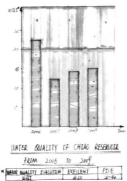

● THE BASIC INFORMATION OF CHIAO RESERVOIR

‧ WHOLE STORAGE CAPACITY   1811.0000 m³

‧ NORMAL STORAGE CAPACITY   1480.0000 m³

‧ PRESENT FUNCTION : STORAGE ADJUSTMENT
                                        WATER SUPPLY
                                        FLOOD CONTROL

● UNDERGROUND WATER

TYPE : MANTLED KARST WATER

TYPE OF ROCK PRODUCTING WATER : LIMESTONE
                                                              GRIOTTE

WATER QUALITY OF CHIAO RESERVOIR
FROM 2006 TO 2009

WATER QUALITY EVALUTION	EXCELLENT	FINE
WQT	6.20	2~40

赤坳水库基本状况

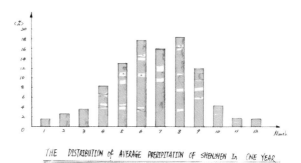

THE DISTRIBUTION OF AVERAGE PRECIPITATION OF SHENZHEN In ONE YEAR

深圳市月降水量

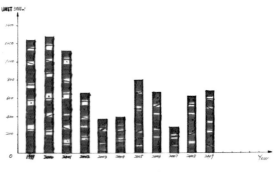

THE IMPOUNDAGE OF CHIAO RESERVOIR FROM 1998 TO 2009

赤坳水库蓄水量

20

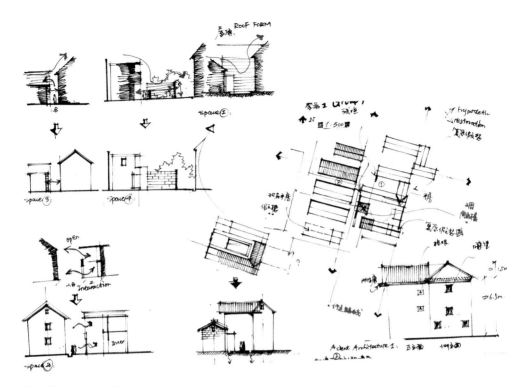

现状建筑风格及空间分析

4. 建筑

陈雨虹 孔亮集 梁方霖 谢连风

金龟村现存建筑的原始用途以民居、宗祠、管理用房、工业厂房为主。建筑形式混杂，传统与现代风格并存，部分建于1940年代以前，历史风貌尚存，1940～1980年代的建筑占70%。建筑的利用成本方面，60%的建筑保存比较完好，可直接改造利用，35%则需要进行一定的修缮，另外5%需要进行大量修复及维护。

改造建议：环境较好、室内跨度较大的厂房，可考虑拆除层间隔断，加强室内外联系，作小型公共场所使用；具备巷道、小型开敞空间的民居院落则可考虑适当建立临街商业和小型休闲空间；对传统民居则建议保留其原风格。

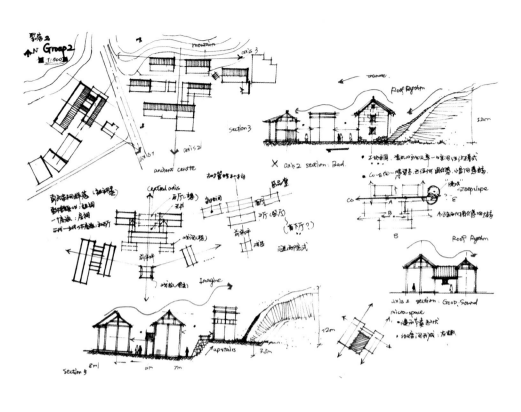

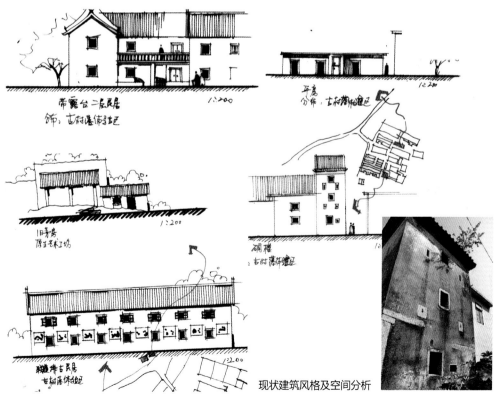

现状建筑风格及空间分析

5. 植被

曲琛 陶天然 江湘蓉 胡卜文

金龟村的高大乔木主要生长在山上、楼间和河流两岸，山上的乔木林下长有灌木和地被植物。在靠近采石场的山丘上有成片的桉树林，属于能够阻碍其他植物生长的入侵树种。村子里也有大片农田，主要分布在老村的东西两侧，主要作物是卷心菜、芹菜等叶类蔬菜。农田的灌溉用水取自河水，在农田里行走总会伴随着一条涓涓细流。雨水可通过挖掘的水沟排入河流。一些沿主路分布的菜地散发有肥料的味道，嗅觉体验不友好。

在金龟村，到处都长有野草，令人印象最深刻的是采石场的野草，那里有自然生长的成片芦苇以及其他草本植物，有一种粗犷之美。

采石场的山体表面依照山势，被切割成相互平行的山路，路边也长有各种野草，从山下往上看，仿佛一条条绿色的项链。

村庄附近的山上种有少量的荔枝和龙眼树，缺少管理。山顶上还有一些由于降雨而形成的天然池塘，终年不干涸，因此不少鱼类在此繁殖，吸引村里或附近的钓鱼爱好者前往山上垂钓。

村庄内人工种植的花卉很少，大部分是色彩鲜艳的小野花。

村里生活着各种小动物，除了家禽、家畜和养殖的蜜蜂外，常常能在树丛和花丛中见到蜻蜓、蝴蝶等其他昆虫以及鸟类。

道路两旁的树丛和藤蔓植物

房前屋后的菜地

废弃的老村中各种各样的植物

山上的乔木和采石场的野草

场地现状主要植物种类

24

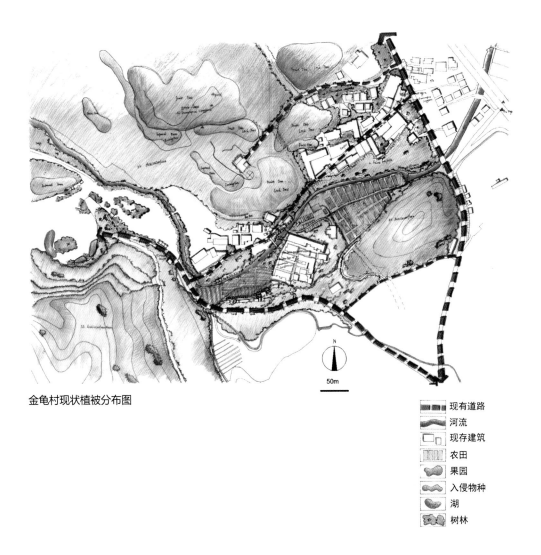

金龟村现状植被分布图

▰▰▰	现有道路
〰	河流
▢	现存建筑
▦	农田
◠	果园
◠	入侵物种
◯	湖
▦	树林

N

50m

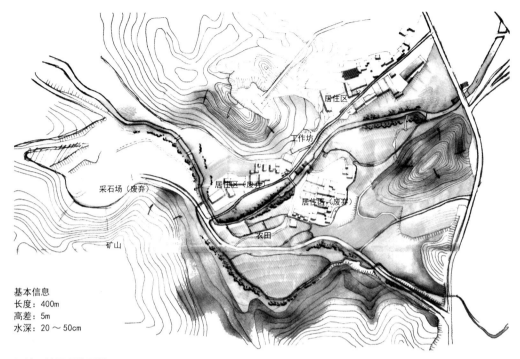

居住区

工作坊

采石场（废弃）

居住区（废弃）

居住区（废弃）

矿山

农田

基本信息
长度：400m
高差：5m
水深：20～50cm

场地现状景观分区图

村庄内现状水系

6. 河流

王润滋 杨晓东 刘迪 何宇馨

在前期调查阶段，小组成员都关注到了场地中的河流这一景观元素。作为唯一贯穿场地的环境元素，河流在人对场地的认知中占有重要的地位。水、流动、自然这一系列关于河流的意象，充满了人们对于河流的情感共鸣。通过对河流的现状调查，包括水质、流速、可视性、可达性以及河岸形态的调查，小组成员们发现了现状存在的问题并明确地将改造现状河流作为规划设计的重心。

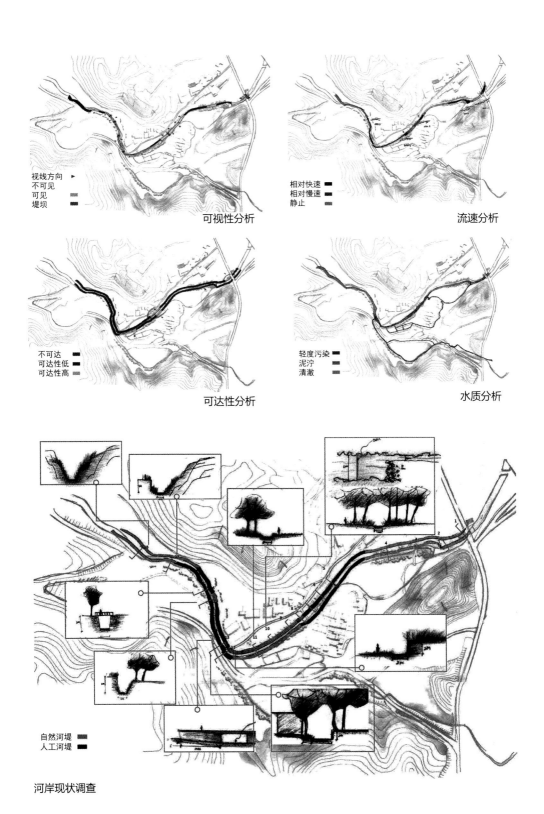

视线方向 ▶
不可见 ▬
可见 ▬
堤坝 ▬

可视性分析

相对快速 ▬
相对慢速 ▬
静止 ▬

流速分析

不可达 ▬
可达性低 ▬
可达性高 ▬

可达性分析

轻度污染 ▬
泥泞 ▬
清澈 ▬

水质分析

自然河堤 ▬
人工河堤 ▬

河岸现状调查

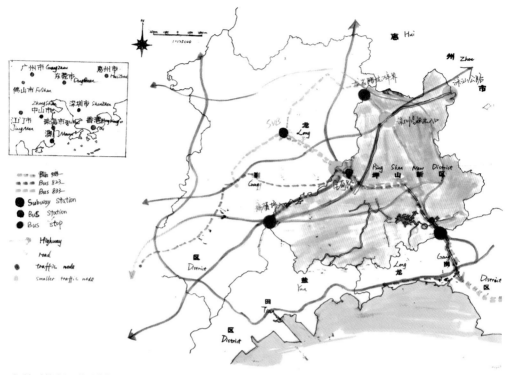

场地对外交通联系分析图

村庄内现状道路

废弃的采石场

7. 交通·岩石

孙志梅 戴芹芹 杨正 简婧

　　金龟村位于坪山新区东南部，毗邻坪葵公路，距深圳市区约60分钟车程。村庄青山环抱，绿树成荫，地处水资源保护区，在生态控制线的限制范围之内。金龟村是一个相对孤立的村落，缺少与外界的联系，只有3辆公交经过村口，最近的大型公交接驳站是坪山汽车站和龙岗地铁站，大约30分钟以上的车程。村子的北边只有坪葵公路一条市级道路通过。

区位：坪山镇 & 葵涌镇　　　　　　区域水系——赤坳水库

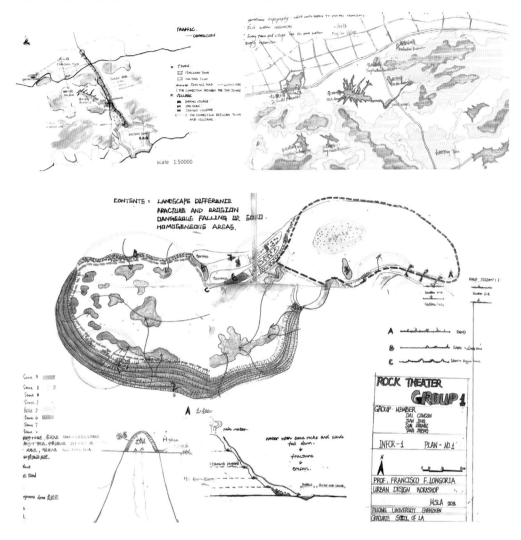

采石场现状分析：

　　经调查发现，此采石场的岩石为火成岩，以花岗岩为主，部分有片麻岩、碎屑岩。此前主要用以开采建筑类石材，主要用于道路建设和房屋建设。

采石场景观价值：

1. 日晒雨淋，岩壁上留下了深深的风蚀、水蚀痕迹，形成独特的肌理；

2. 岩石类型多样，颜色、形态各异，构成主要吸引力；

3. 场地内的水体丰富，水质清澈，可通过规划沟通串联，形成富有趣味的水系。

0   50   200m

景观视觉分析

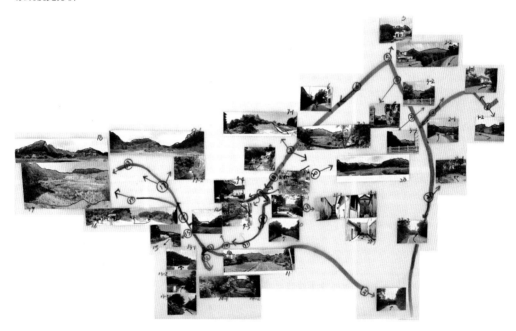

8. 景观意象分析

李朝 连欣 柯晓媚 王丁冉

在实际考察场地的基础上，采用照片法作为场地视觉质量的评析方法，结合土地利用类型分析场地中的重要景观节点、边界、路径以及现状较好和较差的景观区域，并对地形、视域、天际线等方面进行分析。

场地东侧高速公路处的高差以及郁闭的树林将外围噪声阻隔，使得村庄成为一个安静的、独立的狭长谷地，河流沿线、采石场和村庄南侧有大量农田，具有较高的开发利用潜力。

第二部分　设计方案与评析

　　在前期分析资料共享的基础上，全班学生再次自愿重组，共形成八个设计小组，每个小组要求提出明确的且可执行的设计主题，并在小组研讨的总体设计框架基础之上延伸出个人设计。

　　在学生们以前专业背景不一以及时间限制的前提下，该形式有利于学生之间的合作和相互学习，并做到各尽其长。全班学生的学习热情、设计能力在此次研讨中得到了极大的带动和提升。

　　本次研讨场地被穿越其中的河流以及围绕的群山清晰地定义，这些环境背景赋予了场地在空间上的多样性和趣味性。场地上现存的搬迁遗留下来的村落虽然从广泛理解上来讲具有文化、历史遗产价值，但无论是其建筑自身还是村庄肌理都没有较为鲜明的特点，建筑均经过多次重建，主要为小型住宅，不具备较高的建筑价值，无法支撑关于其衰落、更新过程的理论上的讨论或者是城市发展过程中的有关现代建造技术的讨论。

　　八组学生设计主题总体来说都结合了场地的自身特点，设计方案分别从场地现状结构分析和调整、基础设施的提升、遗迹的保护和开发、场地上受保护的自然地块和自然资源的重新利用、现状村落——金龟村的发展建议等方面进行了探讨。

第一组　设计主题 "花之谷"

曲琛　陶天然　江湘蓉　胡卜文

图例

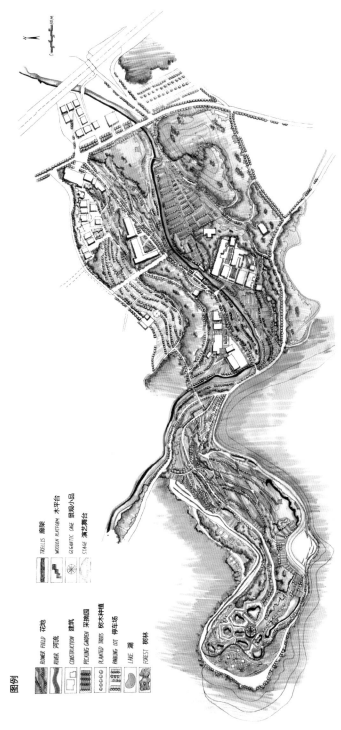

FLOWER FIELD 花地
RIVER 河流
CONSTRUCTION 建筑
PICKING GARDEN 采摘园
PLANTED TREES 树木种植
PARKING LOT 停车场
LAKE 湖
FOREST 树林

TRELLIS 廊架
WOODEN PLATFORM 木平台
GIGANTIC CAKE 景观小品
STAGE 溪云舞台

概念设计平面图

　　金龟村气候宜人，植被丰富，水资源充足，自然环境优美。采石场区域景观条件绝佳，现有的碎石滩具有利用潜力。然而，村里少有野花，溪流存在污染，采石场区域土壤贫瘠，空间缺乏人体尺度等诸多问题对该设计构成了一定的挑战。本设计采用"花"的元素创造符合人体尺度且有力吸引目力的景观，丰富人们游览体验，在自然中放松自我，并唤起人们的生态意识。

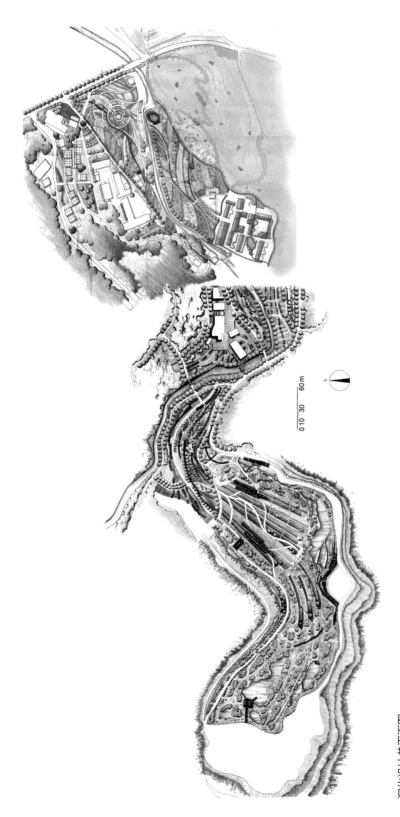

深化设计总平面图

利用场地地形的丰富变化，结合乡土植物景观包括生产性景观的设计，同时注意场地生态的恢复及保护，使得整个花谷空间组织丰富。

花谷内视线节点的清晰，水体连续性都起到很好的指引作用。考虑到不同的出游方式，我们提供了不同性质的旅游路线：自行车道、步行道、机动车道，针对不同游客群体的需求，也设计了推荐游览路线。空间的多变衍生出活动的多种可能，设计挖掘出不同活动潜力，包括露营、手工制作、住宿等，以满足长短期旅游者在花谷中的多种需求，最终使得整体设计在尊重自然、尊重人的基础上，达到尽可能多地为人们提供认识、体验开花植物的目的。

地块一设计总平面图

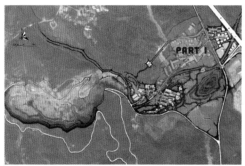

第一分区场地位置图

主要路线图

1-1 "花之谷"地块一

胡卜文

　　此地块位于整个场地的东北部，西邻果园、鱼塘，东边与新村有一街之隔，南侧高差变化较为丰富。场地内部由南向北标高逐渐增加，高差约为17m。图中A点所示为设计入口，由入口沿路向西，标高逐渐降低。场地内分布有废弃的工厂宿舍、河流、排洪沟以及农舍等。老村的东北边是由城市主干道进村的一条主路，先后分支成A、B两条进村的次级主路，设计又添加了新的沿河体验路线C，A通往山上的果园和鱼塘，B和C两个途径不同的空间类型最终都均通往采石场。次级主路B两侧大部分为建筑区域。

　　场地的设计目标是为游人提供多种感受和体验花卉的方式，包括空间上的和感官上的体验。

体验——空间、感官与特殊

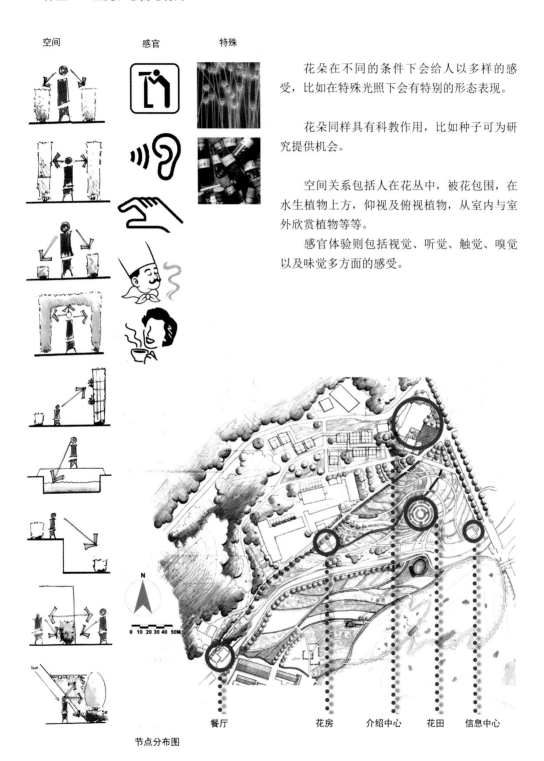

空间　　　　感官　　　特殊

花朵在不同的条件下会给人以多样的感受，比如在特殊光照下会有特别的形态表现。

花朵同样具有科教作用，比如种子可为研究提供机会。

空间关系包括人在花丛中，被花包围，在水生植物上方，仰视及俯视植物，从室内与室外欣赏植物等等。

感官体验则包括视觉、听觉、触觉、嗅觉以及味觉多方面的感受。

0 10 20 30 40 50M

餐厅　　　花房　　介绍中心　花田　信息中心

节点分布图

效果图

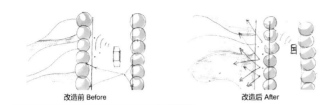

改造前 Before   改造后 After

入口处改造前后对比——隔离噪声，通透视线

高低起伏的花带与光的结合

花廊和迷宫

构筑物效果图

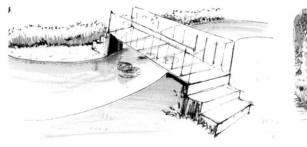

效果图

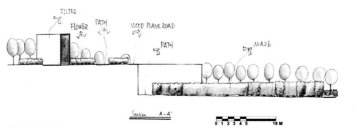

迷宫剖面图

图例

❶ 湖　　❷ 花田　　❸ 花廊　　❹ 农舍遗迹
❺ 花之店　❻ 中庭　　❼ 山顶亭子　❽ 停车场

地块二设计平面图

地块二空间位置及景观构成

1-2 "花之谷"地块二

江湘蓉

　　第二部分场地临近金龟村入口，一条小河界定场地的范围。在河的另一侧是建筑较密集的区域，场地西侧是采石场。

　　该场地地势平坦，土壤肥沃，水资源丰富，拥有得天独厚的制高点与历史悠久的古老村落。基于整个方案的主题定位，这里被设计成了平原上的花田景观，有花香、流水、小桥、亭子、古村。由于原本耕作的肥沃土壤都是高于地表的，易于改变，所以便根据东南侧山势的走向和北侧河流蜿蜒的特点设计了流线型的花田。我们希望场地内的灌溉渠除去实用的引水功能之外还能发挥其他作用，以增加人们在这片土地上的乐趣。这种小尺度的水渠好似毛细血管一样流经这片土地，滋润土壤，并指引方向。在山顶上可以将花田完全收入眼中。同时，将原来的农舍作为一处纪念这里曾经的农耕岁月的"线索"进行保留和修复，原村落被赋予新的用途——花卉产业和休闲娱乐产业的场所。

湖的效果图

农舍遗迹效果图

建筑庭院效果图

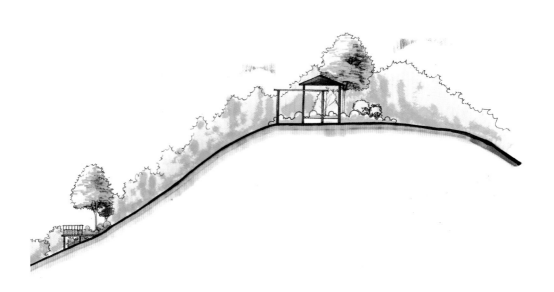

剖面图

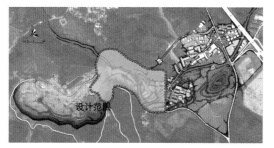

分区场地设计范围示意图　　　　　　　　　场地现状：废弃工厂、采石场及农田

1-3 "花之谷" 地块三

曲琛

　　该场地位于金龟村内旧建筑区域西侧、采石场东侧（采石场入口处），是全村中心部位。贯穿全村的河流流经其中。设计以"花"为主题，考虑空间布局与功能分区以及与其他场地之间的联系。现有河流、水渠、农田、草地等自然元素以及建筑（废弃工厂等）、主要道路等人工元素均被利用以营造宜人尺度的景观。分析图中，蓝色线代表河流方向，绿色线代表主要道路与花田中的小径，红色线表示花架构筑物的位置，箭头表示视线引导的方向。花架构筑物形成了强烈的视线和路线引导作用。

　　场地多处设置开阔花田，花田有一定的坡度，满足不同视点的观赏需求。田内设有小径和休息场地。沿河花带形成自然护坡满足景观

和防洪需求。沿岸小道和草坡供人行走与休息。

　　原有建筑部分拆除并改造成室内花卉及外来植物展示厅，在建筑外部搭建玻璃制廊架，外围由玻璃幕墙包围。

　　采石场入口处在花田上布置花架，整体布置成发散的形状，引导视线。各处花架高度不同，人们可以登上花架从高处欣赏景色。整个花架构成的区域状如"漏斗"，和西侧采石场开阔区域形成对比，成为全村的景观中心。

　　南侧原有农田肌理和灌溉水渠保留并补种花卉等植物，建设采摘体验园。山地周围设置自行车环道和活动广场，道路场地旁边皆设置花带花田，给人以美的享受。

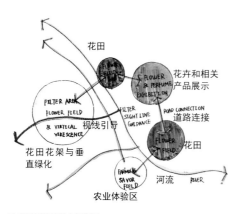

功能组织结构示意图

设计分析图

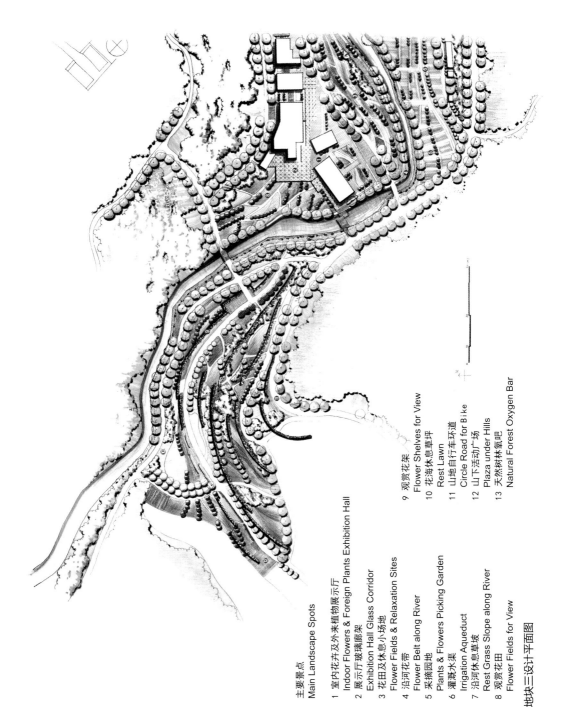

主要景点
Main Landscape Spots

1 室内花卉及外来植物展示厅
Indoor Flowers & Foreign Plants Exhibition Hall

2 展示厅玻璃廊架
Exhibition Hall Glass Corridor

3 花田及休息小场地
Flower Fields & Relaxation Sites

4 沿河花带
Flower Belt along River

5 采摘园地
Plants & Flowers Picking Garden

6 灌溉水渠
Irrigation Aqueduct

7 沿河休息草坡
Rest Grass Slope along River

8 观赏花田
Flower Fields for View

9 观赏花架
Flower Shelves for View

10 花海休息草坪
Rest Lawn

11 山地自行车环道
Circle Road for Bike

12 山下活动广场
Plaza under Hills

13 天然树林氧吧
Natural Forest Oxygen Bar

地块三设计平面图

1-1 剖面图

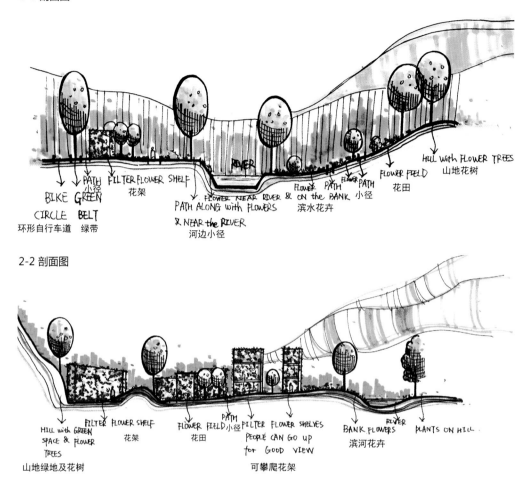

BIKE CIRCLE 环形自行车道 | GREEN BELT 绿带 | PATH 小径 | FILTER FLOWER SHELF 花架 | FLOWER NEAR RIVER & PATH ALONG WITH FLOWERS & NEAR the RIVER 河边小径 | FLOWER PATH ON the BANK 滨水花卉 | FLOWER PATH 小径 | FLOWER FIELD 花田 | HILL with FLOWER TREES 山地花树

RIVER

2-2 剖面图

HILL with GREEN SPACE & FLOWER TREES 山地绿地及花树 | FILTER FLOWER SHELF 花架 | FLOWER FIELD 花田 | PATH 小径 | FILTER FLOWER SHELVES PEOPLE CAN GO UP for GOOD VIEW 可攀爬花架 | BANK FLOWERS 滨河花卉 | RIVER | PLANTS ON HILL

剖面位置图

剖面图 1-1 示意采石场入口道路、展示厅建筑北侧花田及流经的河流。游人骑山地自行车并在小径上散步的同时可欣赏河流与有高度变化的花田景观。

剖面图 2-2 示意漏斗景观区域花架的布置以及周围山地和河流之间的关系。不同高度的花架丰富了空间并产生光影变化。多层花架供游人攀爬，从高处欣赏周围的景观。视线被向前延伸的花架引导进入下一处景观区域。河岸周围缀花草坪供人休憩和亲水。

效果图1: 沿河草坡花堤

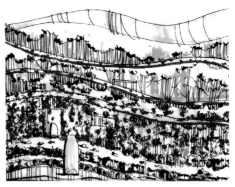

效果图2: "漏斗"区域花架景观

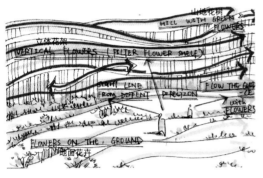

"漏斗"景观区域

花架呈流线型向前方延展，引导视线。

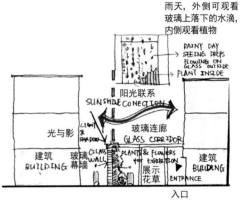

玻璃廊架外侧的游人可以透过玻璃幕墙看到内侧的植物，内侧游人透过玻璃观赏阳光或者雨天雨滴坠落的情景，接触自然。

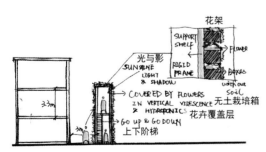

展示厅外侧设有花架，采用垂直绿化和无土栽培技术，保证景观效果并向大众展示科学技术，可以结合生产创造经济效益。

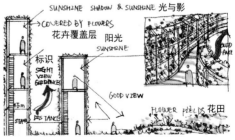

"漏斗"景观区域花架拥有不同高度，游人可以爬上高层。花田内行人能看到不同空间的鲜花展示，与花架上的人形成"看"与"被看"的关系。

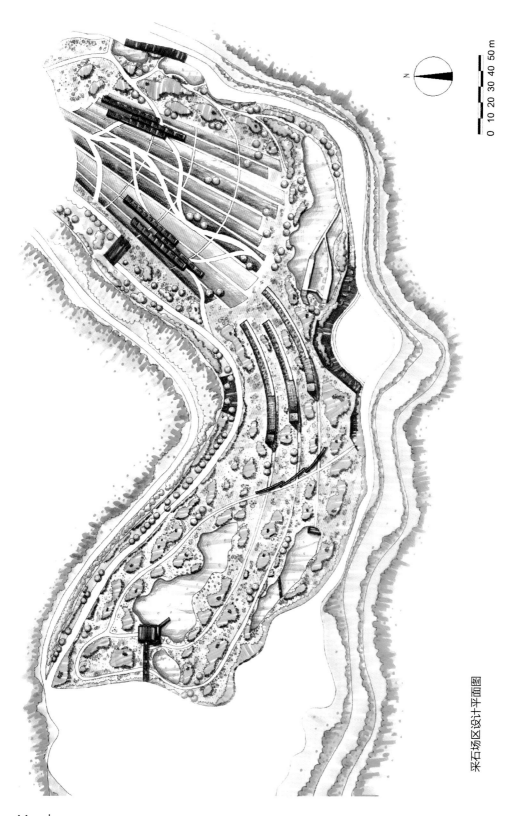

采石场区设计平面图

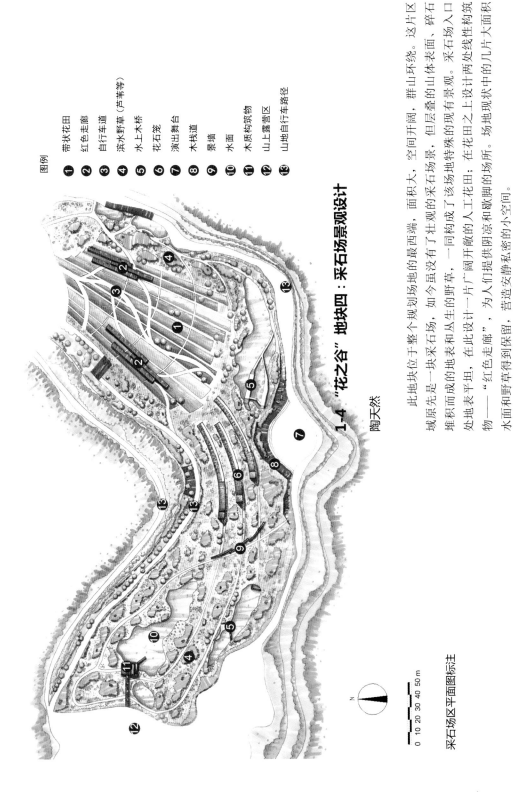

图例

1. 带状花田
2. 红色走廊
3. 自行车道
4. 滨水野草（芦苇等）
5. 水上木桥
6. 花石笼
7. 演出舞台
8. 木栈道
9. 景墙
10. 水面
11. 木质构筑物
12. 山上露营区
13. 山地自行车路径

1-4 "花之谷"地块四：采石场景观设计

陶天然

此地块位于整个规划场地的最西端，面积大，空间开阔，群山环绕。这片区域原先是一块采石场，如今虽没有了该场地特殊的山体景观，碎石堆积而成的地表和丛生的野草，一同构成了这片壮观的现有景观。采石场入口处地表平坦，在此设计一片广阔平敞的人工花田；在花田之上设计两处线性构筑物——"红色走廊"，为人们提供阴凉和歇脚的场所。场地现状中的几片大面积水面和野草得到保留，营造安静私密的小空间。

采石场区平面图标注

0 10 20 30 40 50 m

带状花田与红色走廊效果图

花石笼效果图

采石场中部西高东低，高差较大，阻碍道路通畅。设计将场地西部最深处大面积的地表碎石搬运到此处，堆积成广阔的平台；同时设计流线型的构筑物，起到桥梁的作用，解决了此处高差的问题。构筑物采用石笼的形式，形成表面覆土种花的带状，末端指向天空，以此打破之前设计的所有地面花田的单调形式，并意味着整个金龟村设计场地花带的终结。

矿场深处的设计尽可能尊重现有自然环境，布满自由生长的野草和野花，结合景墙、石笼雕塑和夜晚地面灯光等景观元素，增加情趣和体验性。通过微调地形，将现有支离破碎的各处水面汇集成较大水面，水上设置多层构筑物，方便游人驻足观景，又通过栈道与山上平台的连接，避免了游人重复行走来时道路的单调。

该设计结合地形设计了山地自行车环路，让游人节省时间和体力，自由穿行，畅通无阻。

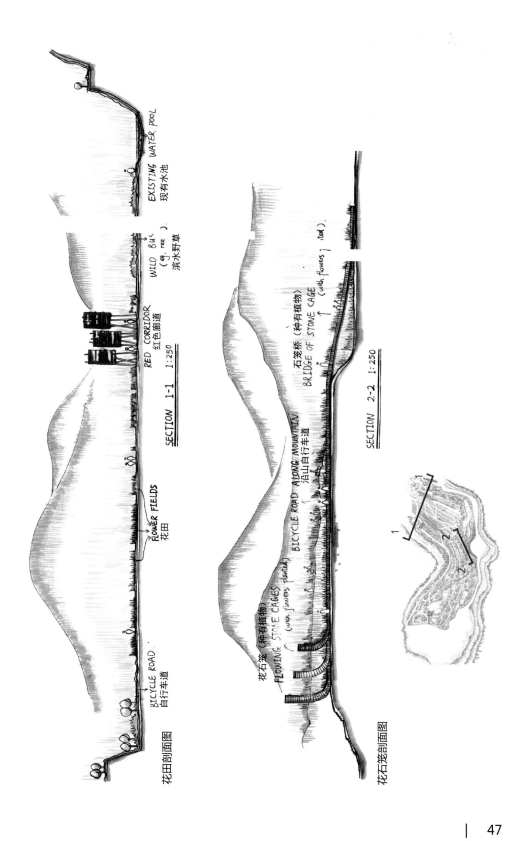

EXISTING WATER POOL
现有水池

WILD BUS (野生草)
滨水野草

RED CORRIDOR.
红色廊道

SECTION 1-1 1:250

FLOWER FIELDS
花田

BICYCLE ROAD.
自行车道

花田剖面图

沿山自行车道
BICYCLE ROAD ALONG MOUNTAIN

石笼桥 (种有植物)
BRIDGE OF STONE CAGE (with flowers ; tel).

SECTION 2-2 1:250

花石笼 (种有植物)
FLOWING STONE CAGES (with flowers planted)

花石笼剖面图

第一组　设计评析

该组设计方案各组成部分之间衔接紧密。花卉种植变成最主要的创造吸引力的途径，选择花卉种植并在不同区域使用相似的空间语言，审美意向十分明确。场地整体上所传达的信息聚集在植被，避免了典型的、不必要的百科全书式的信息收集。然而，方案中有关植物种类的呈现只使用照片，欠缺图释。总体规划使用了有趣的创作语言，替换了传统的水平向的由设备辅助的种植形式，具体体现在迷宫、垂直廊架、石笼等景观设计中。另外，方案中的植物种植布局合理，并创造性地设计了花卉的色彩和季节演替。今天，深圳市很少看到花卉，这也增强了该方案的可行性。

总体方案功能组织有些死板，关于日常往返旅行的可逆性值得商榷，因为人们旅行中选择路线的习惯往往是不喜欢走回头路。

第一部分，（胡卜文）方案采用的设计语言是将"人‑花"关系原型当作基础的"建造材料"。方案应增加关于指向、温度、空气流动和气味等方面的陈述。花谷概念很好，但整个谷底布满花卉，也许太稠密了。设计的节点具有强烈的序列感，包括有趣的信息地标屏，花卉种植区域创造性的交叉点、截面、迷宫和花屏等。

第二部分，（曲琛）提出了一个适当地利用河流灌溉、路径交织和花的区域，物种选择

和布局很好。但对现状建筑改造设计较弱，其中设计的小通道、院子需要指向辅助，并应加强"花‑水‑建筑"之间的对话，图面表达都很出色。

第三部分，（江湘蓉）设计密度过高，低密度也许会使得动线结构更清晰，开放空间质量更高。河道上三处桥梁需要赋予等级，中心的桥连接改造过的建筑物，是最重要的。详细设计草图在意向、尺度、表达上都很出色。设计中应考虑花卉在一年四季的变化，包括花卉的纹理、色彩等方面。

第四部分，（陶天然）采石场设计是整个方案的一个有序的提升，从人工到自然（从植物设施到圆形露天剧场）过渡顺畅。支撑和引导装置布局及形状恰当，但红色和横向植物间距处理不太恰当，影响了引导的连续性。花石笼从水平的谷地过渡向垂直的采石场台地，"将花丛指向天空，作为全村花卉序列的终结"构思巧妙，创意很精彩，但花石笼的材质和维护需要进一步考虑。最后一部分保持自然状态也很恰当。木栈板通道设计应该与帐篷、水池、迷宫、石笼相协调，这些设计都很好，但尺度过大且过于主导了场地。在采石场入口的花田设计中，大型构筑物设计过度，太高且不具备遮阴休闲的功能，红色太抢眼，有些喧宾夺主。

总结：

在该场地采用"花"的概念是可行且成功的，因为花卉在湿热的气候条件下并不常见。花卉展览将会把游客带入一个新的"绿洲"，一个充满自然元素的人工世界。本设计优秀的感知序列的创造不落入植物园世界给人的固有景象，设计试图为人们提供有别于植物园的另一种体验植物的机会，如果该方案能实施，其设计的质量会被人们感知到，花园无穷的乐趣或许在使用中会具有一定象征意义。

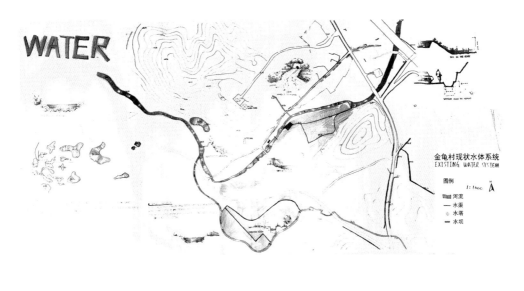

金龟村现状水体系统
EXISTING WATER SYSTEM

图例　　　　1:1000
河流
水渠
水塔
水坝

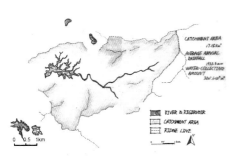

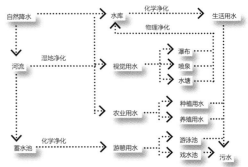

第二组　设计主题"生命之水"

董连耕　刘婷　吕琳　林晨薇　贺敏

根据生态学原理，将金龟村及周围区域内的水资源整理和利用，并且对水体形式进行统一规划设计，发挥水的以下五个特征功能："地标"、"净化"、"引导"、"运动"、"生态"，使人、水与地之间产生紧密的联系。

- 调整旱季水量。
- 将河水和静态水进行净化利用。
- 水使得植被重生，带动场地生态恢复。

设计挑战

- 河流上游有少量农业污染。

- 矿坑内部自然水体存在潜在的不明矿物污染。
- 矿坑内部水土流失和山体崩塌。
- 从周边区域收集雨水的可能性。
- 整个场地根据现状划分为不同的区域，包括服务区、水娱乐区、山地和农田。
- 在场地内分布着一些地标，比如大树、老建筑、雕塑，以此强调关键性的区域。
- 通过梯田、桥或地标来强调一些利于观景的良好视线。

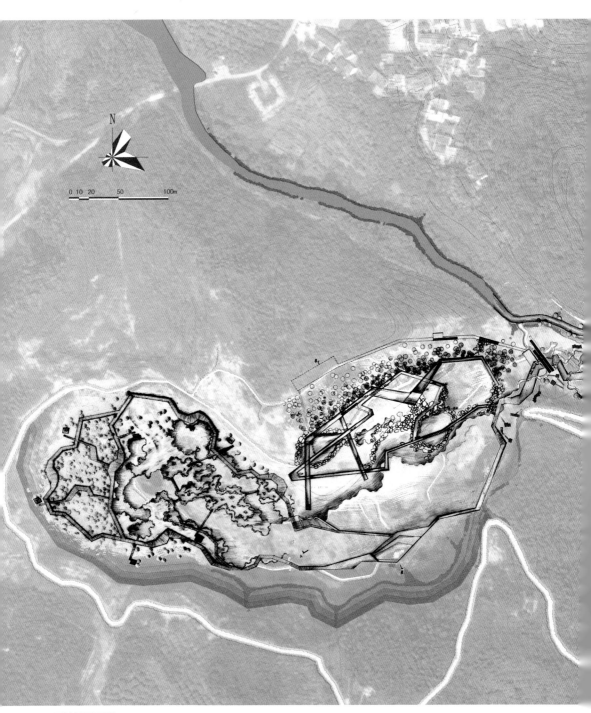

设计总平面图

艺术家独立创作区

民俗博物馆

彭氏宗祠

入口1

特色民宿区

谷文化广场

社康中心

社会创新实践基地

入口2

入口停车场

生态体验区

原生艺术工坊

大自然学校

体验区

生态体验园

平面图

图例

① Aeration Area
   曝气区

② Sedimentation Pond
   沉淀池

③ Terraced Field
   梯田

④ Wetland Plants Growing Region
   湿地植物种植区

⑤ Gravel Filtration Area
   卵石过滤区

⑥ Clean Water Impoundment
   清水蓄积区

⑦ Statue
   雕塑

⑧ Pavilion
   凉亭

⑨ Boardwalk
   木栈道

⑩ Ancient Village
   古代村落

⑪ Wooden Bridge
   木桥

⑫ Boardwalk
   木栈道

▨ Grassland
   草地

▭ Hygrophytes
   水生植物

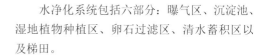

2-1 人工湿地设计

刘婷

　　人工湿地的设计旨在为之后的水景提供清洁的水源。它能净化场地内约三分之二的河水。

　　水净化系统包括六部分：曝气区、沉淀池、湿地植物种植区、卵石过滤区、清水蓄积区以及梯田。

　　曝气区是一处小型瀑布，在这里河水从1.5m高处落进沉淀池，为水体增加氧气。沉淀池的作用是截留和去除营养物质，减少悬浮物，并创造宜人的水环境。不同种类的湿地植物能吸收水体的不同污染物。卵石过滤区能去除湿地植物的残留物。梯田能利用土壤的过滤作用净化雨水。

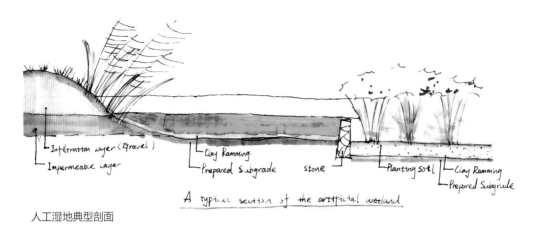

A typical section of the artificial wetland

人工湿地典型剖面

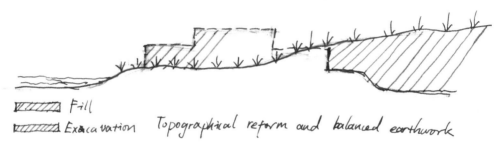

Topographical reform and balanced earthwork

地形改造与土方平衡

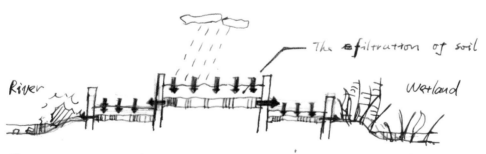

Section: The schematic of infiltration of terraced field.

梯田净化原理示意图

人工湿地的设计原则为：因地制宜、维护简单、利用现有地形的优势、考虑极端情况（暴雨、干旱、洪水、水质极限变化）、预留出足够的启动和过渡时间。

湿地的挖掘带来大量的土壤，我们将土壤填埋在农田之上以形成梯田，在保证了土方平衡的同时也净化了雨水。

河流与湿地中间的梯田可以滞蓄雨水，通过层层台地过滤将其净化。

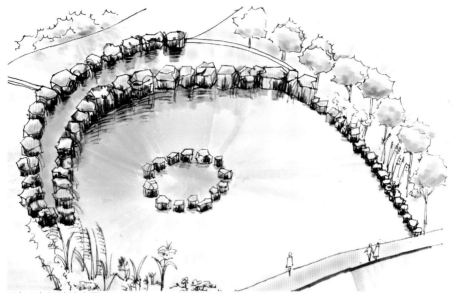

曝气区与沉淀池水景

卵石过滤区水景

村落水景

    人们能够在水中露出的小石块上行走，感受和触摸水。对踩在小石块上感到困难的人可以扶着墙壁前进。

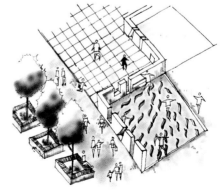

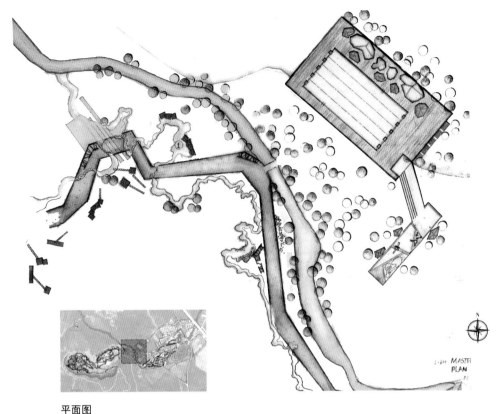

平面图

2-2 矿区入口景观设计

吕琳

场地位于金龟村和矿区的交界区，这片场地的设计目标是将金龟村的古村落景致和缓地过渡到矿区的动静态水系，将游览行程推向高潮。

场地现状是一片沙地，零星点缀着几处灌丛（生态演替的先锋队），无平坦道路延续到矿区。场地的左侧散布着生锈的挖矿机械，场地的右侧是一个废弃的矿区停车场。

设计策略：

第一，建造一条清晰的通道将游客引向矿山。

第二，在通道的左边，将金龟村内湿地处理好的部分干净水，通过建立水道运输到矿区的大型水车区。

第三，在通道的右边，建立一个游泳池群，公开、洁净，服务于金龟村村民和游客。主游泳池悬挂在半山腰，一个儿童游泳池群布置于地面上，中间由一个水滑梯连接。

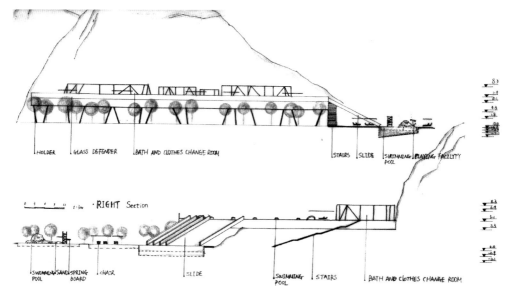

游泳池剖面图

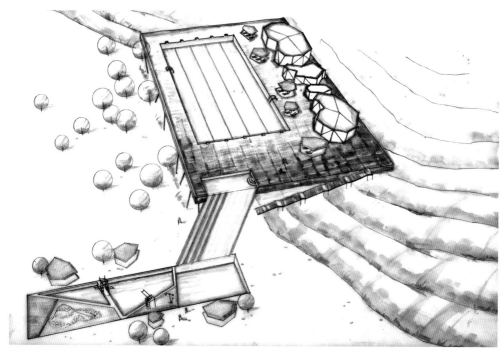

游泳池效果图

游泳池主要分为三部分：一个悬在山腰上的成人游泳池，规模为 25m×50m；地面上的一系列儿童游泳池采取不同形状及不同深度，拥有配套的儿童游憩设施；连接两部分游泳池的是一个水上滑梯。另外还设置一些配套设施，例如：（1）石头外形的更衣室、冲洗间和零食吧；（2）形状像岩石的岩石伞；（3）在悬挂的游泳池边上设置厚厚的玻璃挡板，增强安全性。

细节设计效果图

细节设计：

在现有水系的左侧：

第一，建造一条清晰的通道。用枕木镶嵌路沿，中间铺上细小的黑色砂石，建立一条清晰的灰色路径，与现有的采石场的地貌统一，且黑白分明。

第二，建造一条水道。水道沿着道路前进，或近或远，与走道或穿插或并行，与走道相映成趣。水道的造型采取自然曲线，多变，有灵动感，若干节点穿插其间。比如大型的工业锈铁盒、小石头花等。走道和水景吸引游客的眼球，引导他们进入矿山。

平面图

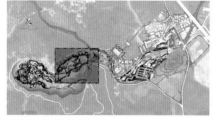

引水设计分布位置

2-3 引水设施设计

林晨薇

此片区域中水要扮演的角色是动态的，它和山体及周边环境相互穿插和互动，人的行为也在其中发生。白色渠道是由一系列水车、水塔、储存罐等构筑，它们将水从山脚下提升到30m高的山顶处储存。蓝色渠道是四级不同形式的水渠，它们将水引导到各处并形成多样的瀑布、喷泉、塘、溪流等景观形式。棕线是在山体中架设的人行步道，它与水渠相互穿插。当游客初来此片区域，山体中一系列高高低低的水车成为这片区域的地标，当人们走上人行步道，整片构筑物和山体将会生动地呈现在眼前。

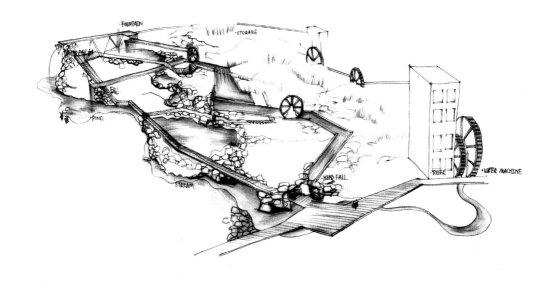

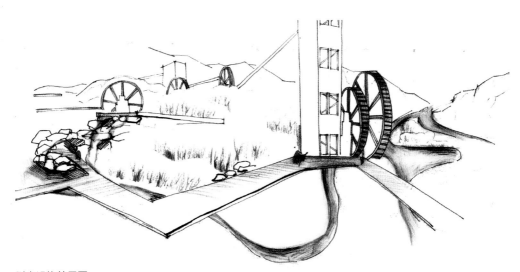

引水设施效果图

　　此区域的鸟瞰图表现了水是如何被提升和下落的。这组构筑物引导人们观察水的运动和聆听声响，并且观察它和山体间多变的互动关系。

　　来到该组水景观的起点，游客会发现引上山的水来自被湿地净化后的溪流，水被提上山顶，随后下落流回溪流中，并与河水在山体远处交汇后流向水库。山体中隐隐有不同方向和大小的水车在工作，有些被树丛挡住只能看见

一部分，有些则布置在人行步道边。它们工作时发出的"咯吱"声形成充满趣味的合奏曲。

　　细部鸟瞰图展示了两种不同的瀑布形式以及水槽和人行道的关系。人们在水槽中上下穿梭，观赏水的运动，聆听水流动的声音。下页几张效果图示意了水是如何通过水轮和水塔提升并储存的，水在提升过程中并不是一步到位，而是经过多次提升才到达最高点。

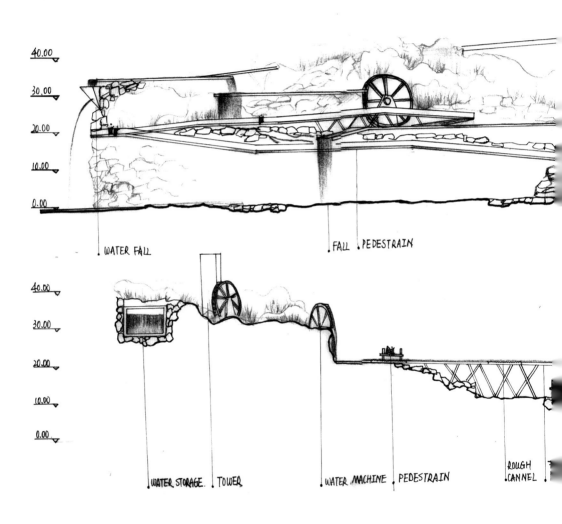

40.00

30.00

20.00

10.00

0.00

WATER FALL

FALL PEDESTRAIN

40.00

30.00

20.00

10.00

0.00

WATER STORAGE. TOWER

WATER MACHINE PEDESTRAIN

ROUGH CANNEL

剖面图

SPARY and FOUNTAIN.   CANNEL   HEAD FALL   TOWER WATER MACHINE

A-A SECTION 1:500

ROCK STEP   ROCK CLIMBING WALL

B-B SECTION   1:500

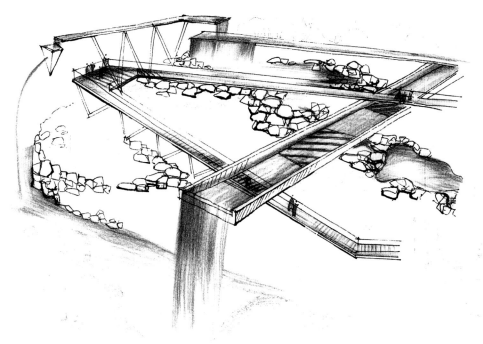

效果图

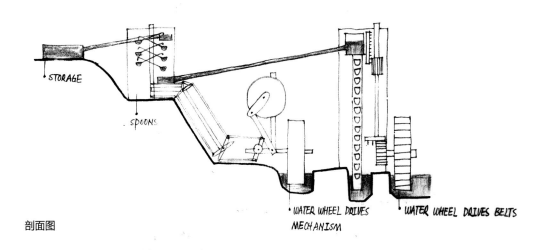

剖面图

以上剖面图显示了整个构筑物里的水、人行道、山体及矿坑的关系。水在四个水平高度上流动：（1）水从山顶处的储存罐中泵出，水渠将其引导至三角锥形漏斗处，漏斗底部的小洞让水形成线状喷射而出；（2）第二级的水形成片状的瀑布，并下落至半山腰处的水塘里；（3）部分人行步道由水槽下穿过，这部分水槽底部是透明玻璃，它的鱼鳞肌理让水发出声响，人们可以透过水槽底部观察水的运动并聆听声响；（4）最后一部分的水体主要呈现出水塘和岩石溪流的形式。

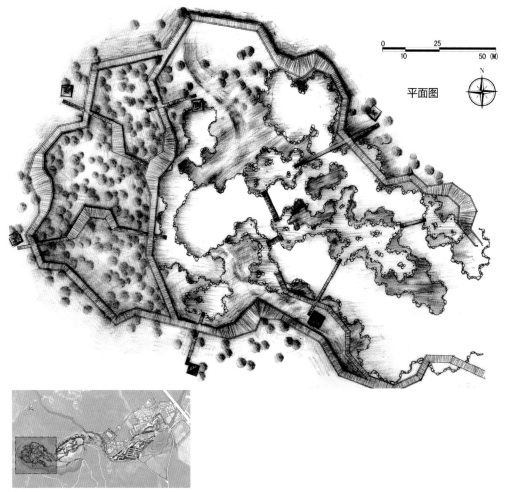

平面图

分布位置

2-4 静水景观设计

贺敏

　　除了水的净化与运输，场地需要一个欣赏自然水景观的空间，《道德经》有云：上善若水。在这个浮躁的时代，都市人的心灵在此得到净化，场地的生态原貌也将得到恢复。

　　设计按现状地貌分为静水区和静山区两部分。静水区设计以现状为基础，将现有小水坑相互连接以扩大水面，同时对水体进行净化。该区域大面积种植场地现有的芦苇等乡土植物，围合并限定空间，同时种植湿地植物，进一步净化水质。铺设对环境干扰少的木栈道，以连接不同空间。同时有意引导游人路线，避免游人破坏环境或发生意外。充分利用场地的石材，堆砌石迷宫，让游人在水与石的世界感受自然，思考生命。另外，对被破坏的山体进行生态复绿，在静山区通过登山道与静水区相连接，登山道强调与山体的对话，便于游人从不同角度和距离感受自然与人的关系。山区最低点设集水池，减缓山洪并为水景观提供水源。

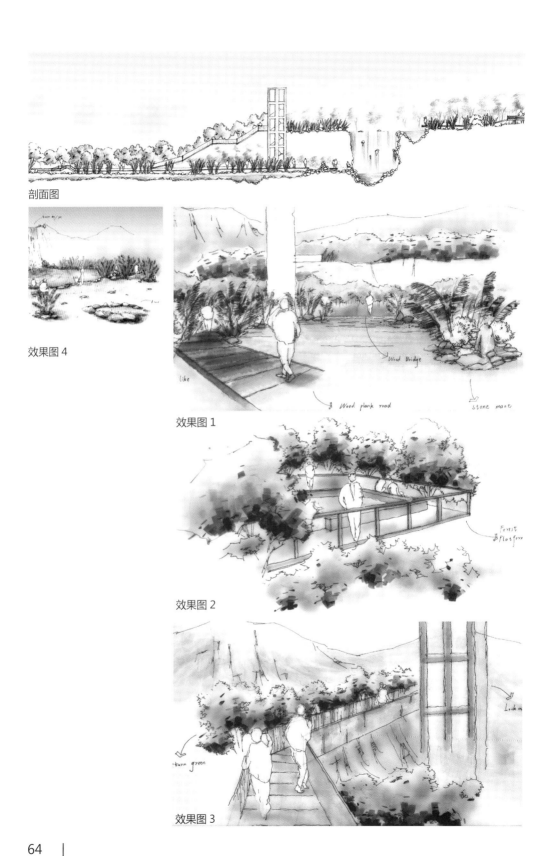

剖面图

效果图 4

效果图 1

效果图 2

效果图 3

64

第二组　设计评析

作为项目背景的前期分析，虽然所分析的参数都很重要，但与设计主题关系较弱。应该获取与主题紧密相关的更加具体的信息以支撑设计目标和设计准则。这些资料应该能支持方案的量化设计，如水收集和提升等方面的相关数据，从而证明方案的可行性。

设计概念是在场地上重新设计水系统以提供一个引人入胜的"水景和水设施"，从而吸引来访者使用。设计采用了一个清晰的手段即将雨水引向一个隐蔽的装置，并进行循环用水。所设计的全新的水系统是一个可感知的自然系统，它由河流、湿地、人工水道、水提升设备与补给站以及令人兴奋的瀑布所组成。该设计创造了一处吸引人来看并使用的成功的风景奇观。但概念规划中设置的无序的小径网络应该避免，另外，入口空间设计几乎与水主题无关，是设计中的弱点。

设计的与现有河流平行的湿地及新的河流都应该有一定的参数证明这些新的景观具有足够大的面积使其能具有相应的生态功能。本设计中的湿地似乎很小且在河流的南侧很低的位置，净化装置如果能正常工作那将很好。另外，围绕村庄边缘区域设置的木板路太短，应该扩展并与人行道连接。

泳池区域与河道北岸的设计太商业化，除了在斜坡处有地形考虑外，其他区域没有很好地利用地形。设计中仍然暴露出"目录式设计"的特点。

大型工业铁锈盒子创造了一种富有吸引力的语言，但与所处的场地和工业遗迹相关性较弱。

水提升装置是阿拉伯和东方国家杰出的发明之一。在这种情况下，（林晨微）设计的关键是让这些水装置如何与河流、水渠、水塔、山上的储水装置以及瀑布关联。该地区可进一步发展成一个具有吸引力的景观功能区。水景的手绘图很漂亮，这些图很清晰地表达了提升装置的相互链接效果以及水流动机制。

关于采石场的处理开始于一个很有意思的设计目标即"静止的水与静止的岩石"，并通过设计相当平坦的大量的浅水湖来实现这个愿望，但水的来源应该增加解释。另外，水源和入口处的水装置衔接应该更清晰，瀑布处同样需要明确表达水源。由于没有针对岩石土壤的过滤说明，水看起来可能是相对静止的，但不应该是停止的，该区域的功能存在争议，因为似乎芦苇和本土植物不能净化静止的水体，这与漂亮的手绘图上所表达和期望的存在很大差异。该设计还需要进一步改进，从而将采石场转化成一处更具说服力的安静的、功能性的场所。

总结：

与周边自然要素的相关性和对比性是景观设计的关键。为了充分发挥水的吸引力并将场地转换成一处水上乐园，这个方案达到了预期的目标，但设计应该更激进一些。这并不意味着再设计更多的设备，方案中设计的水提升装置自身很美，但也可以通过设计更高审美价值的艺术作品来显示一个连续的、强烈的、集中的水技术链，使得游客可以看到尺度从小到大的变化、连续到突然的变化，从而使他们可以沉浸在一个空间不断变换的水世界当中，进而提高游客的愉悦感。

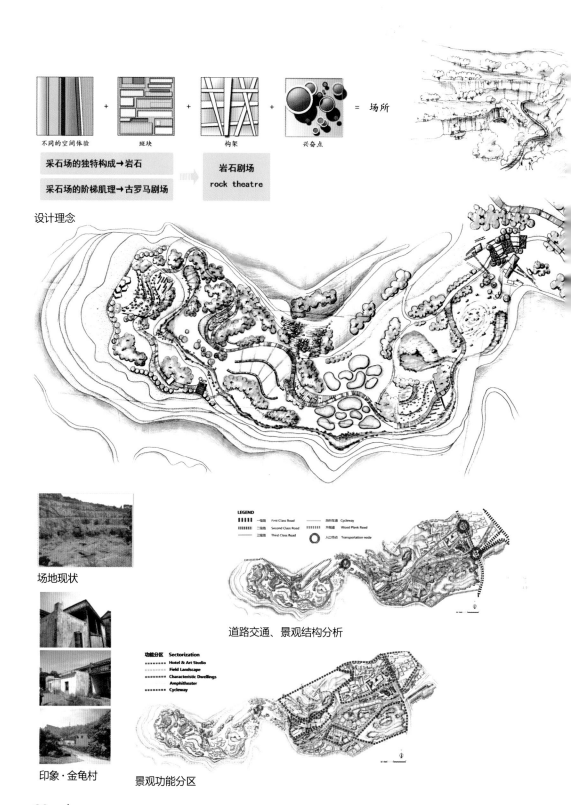

不同的空间体验 + 斑块 + 构架 + 兴奋点 = 场所

采石场的独特构成→岩石

采石场的阶梯肌理→古罗马剧场

岩石剧场
rock theatre

设计理念

场地现状

印象·金龟村

LEGEND

	一级路 First Class Road	自行车道 Cycleway
	二级路 Second Class Road	木栈道 Wood Plank Road
三级路 Third Class Road	入口节点 Transportation node

道路交通、景观结构分析

功能分区 Sectorization

Hotel & Art Studio
Field Landscape
Characteristic Dwellings
Amphitheater
Cycleway

景观功能分区

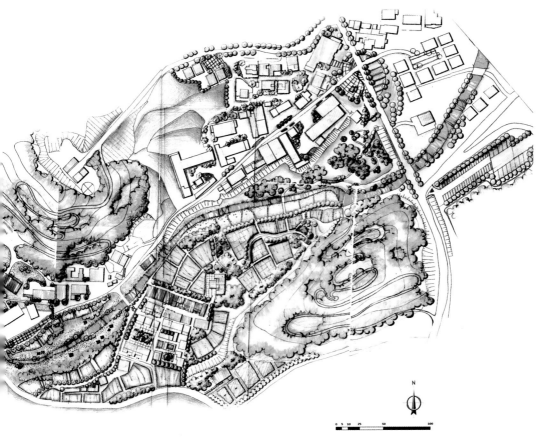

总平面图

第三组 设计主题"生活·剧场"

孙志梅 戴芹芹 杨正 简婧

设计思路:

1. 独特的剧场;
2. 充分利用采石场的阶梯肌理;
3. 岩石背景使剧场恢宏大气;
4. 自然的环绕声效果遇到的问题:
第一,不可见区域(观众看不到演员的脚步动作);
第二,尺度问题(场地过大,金龟村的承载力多大?有多少客源?);
第三,观众的感知(舞台在上,观众在下,观众仰视看表演,是否舒适?)。

最终方案:

一条长长的木栈道串联起4个各具特色的小剧场,如项链穿起四颗明珠。第一,用景观的手法为观众创造合宜的空间感受;第二,多样的剧场鼓励多样的表演形式;第三,木栈道增加了连通性,沿着木栈道,观众可以有多样的体验,如触碰岩石、俯瞰采石场等。

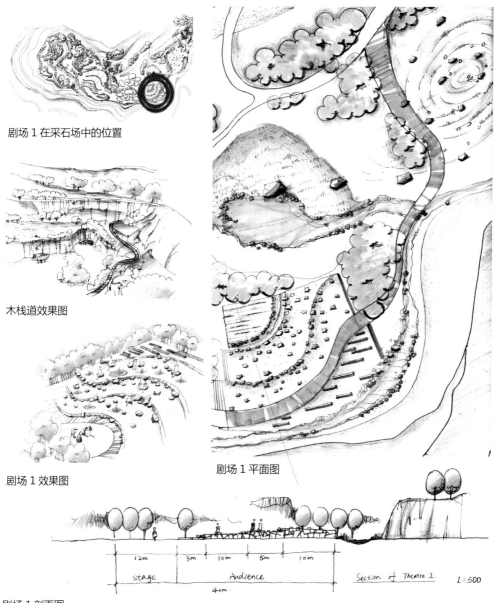

剧场 1 在采石场中的位置

木栈道效果图

剧场 1 效果图

剧场 1 平面图

12m 3m 10m 5m 10m

stage Audience Section of Theatre I. 1:500

40m

剧场 1 剖面图

3-1 剧场 A

孙志梅

    岩石剧场分为四部分，四个相对独立的小剧场在满足观演需求的同时又不会相互打扰。一条顺着地势高低而蜿蜒起伏的木栈道把它们串联起来，人们可以根据自己的爱好和需求选择自己理想的剧场与合适的位置。剧场长为40m，其中舞台部分长 12m，舞台的形状就像三层阶梯状起伏的"梯田"一样，三条"等高线"穿过，每一层的高差是 60cm；剧场的座椅掩映在翠绿的草丛中，高低不一，为不同的人提供了多种就座方式，每个人都能找到自己合适的位置观演；整个剧场以崖壁和树木作为自然的围合背景，美丽而静谧（容纳 500 人）。

村庄南部（溪流以南）

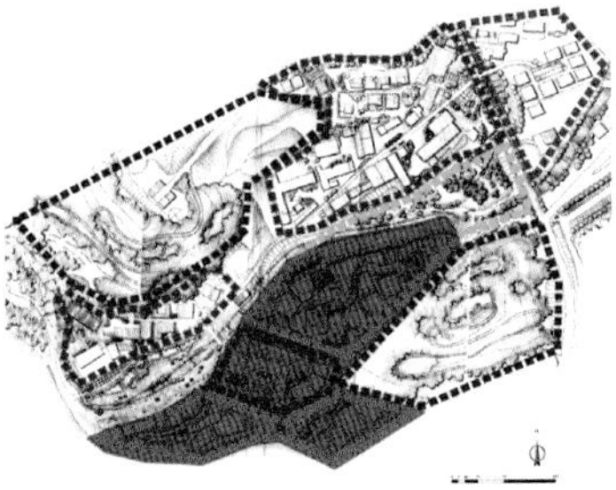

位置示意图

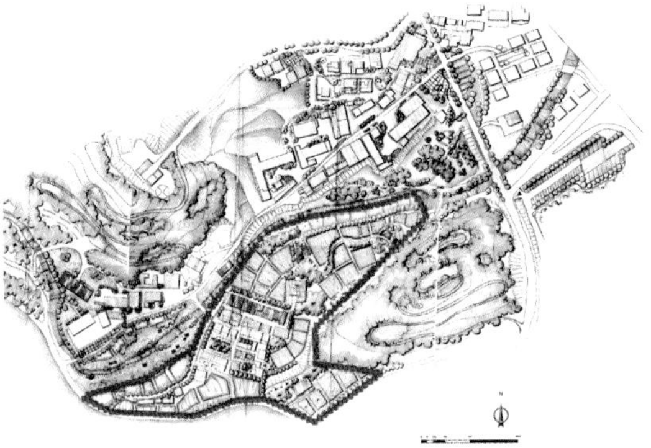

村庄南部总平面图

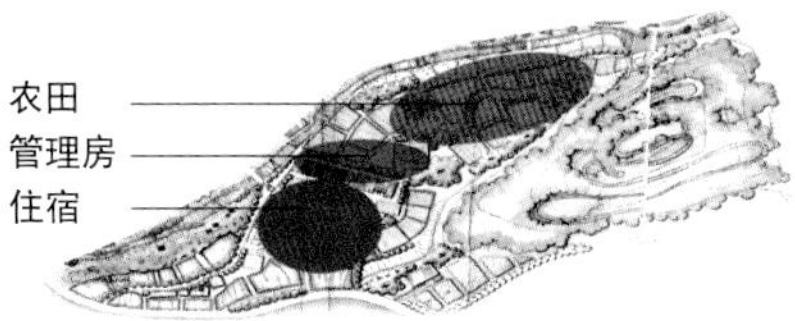
农田
管理房
住宿

景观功能分区

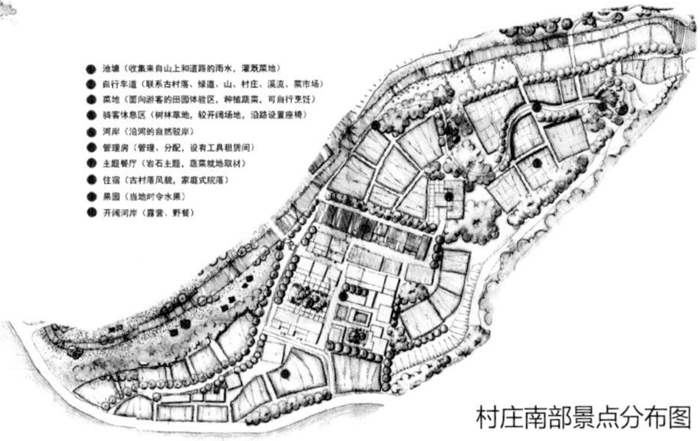
池塘（收集来自山上和道路的雨水，灌溉菜地）
自行车道（联系古村落、绿道、山、村庄、溪流、菜市场）
菜地（面向游客的田园体验区，种植蔬菜，可自行烹饪）
骑客休息区（树林草地，较开阔场地，沿路设置座椅）
河岸（沿河的自然驳岸）
管理房（管理、分配，设有工具租赁间）
主题餐厅（岩石主题，蔬菜就地取材）
住宿（古村落风貌，家庭式院落）
果园（当地时令水果）
开阔河岸（露营、野餐）

村庄南部景点分布图

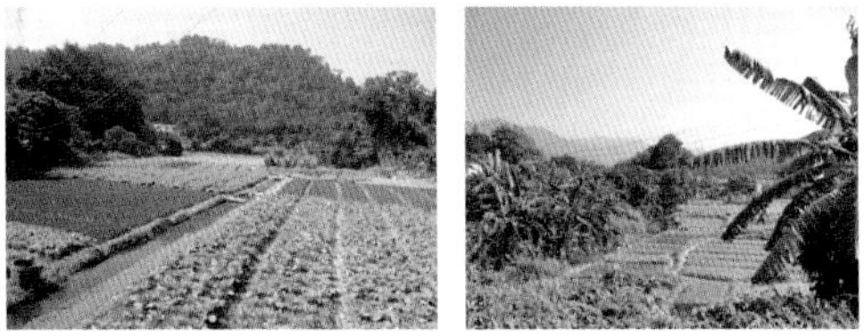

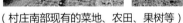

（村庄南部现有的菜地、农田、果树等）

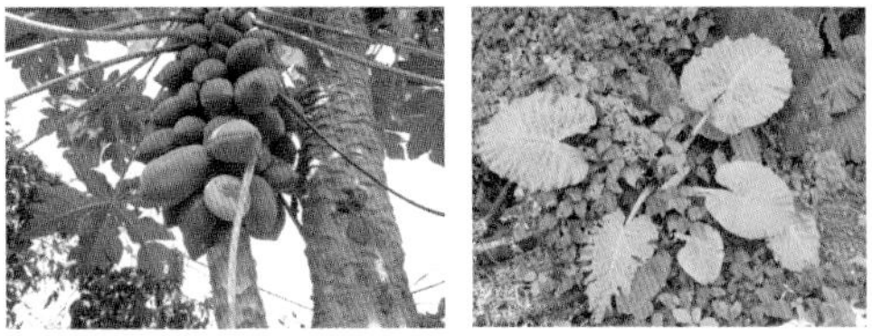

（当地时令水果，如金龟橘、木瓜、香蕉等）

在这个区域，设计赋予了老村建筑以新的功能，延续老建筑的生命，保留了当地古村落文脉。

主题餐厅：

内部布置以岩石作为主题，展示当地的岩石文化，与采石场的岩石剧场主题呼应，唤醒场地记忆。

管理房：

场地内现有的农田和菜地重新划分格局，用于种植蔬菜和当地的时令水果（如金龟橘、木瓜、香蕉等），管理房提供的工具租赁服务旨在让游客尽享耕种乐趣。

住宿：

选择一部分老房子整理修葺，反映金龟村当地特色，以家庭旅馆的形式向游客开放，让游客尽享便利的同时，也增加了当地的旅游收益，使人们得以体验田园风情和金龟古村落的风貌。

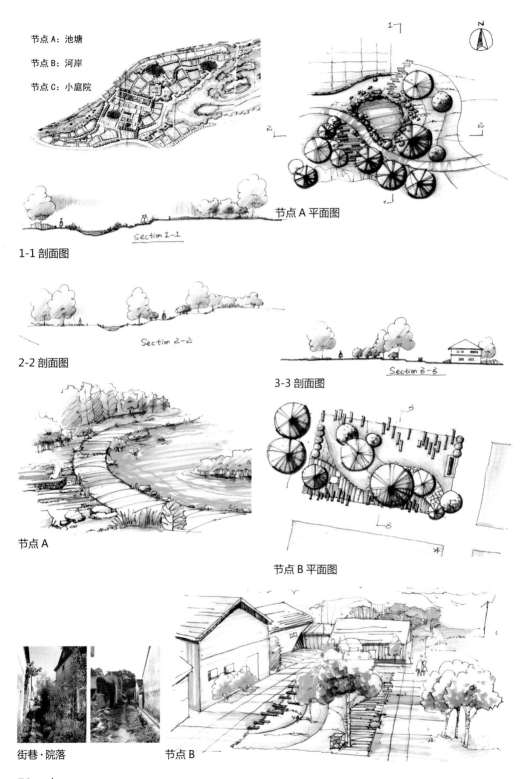

村庄南部（溪流以南）

节点A：池塘

节点B：河岸

节点C：小庭院

节点A平面图

1-1剖面图

2-2剖面图

3-3剖面图

节点A

节点B平面图

街巷·院落　　节点B

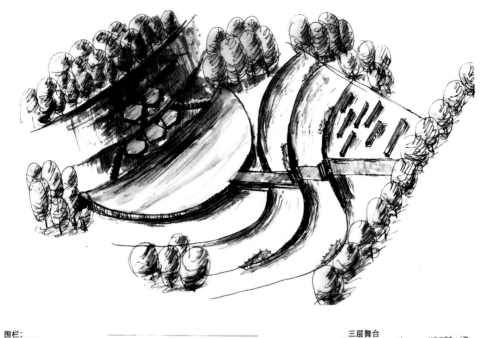

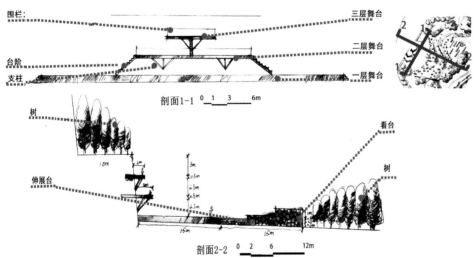

围栏┈┈┈┈ 三层舞台

台阶┈┈┈┈ 二层舞台

支柱┈┈┈┈ 一层舞台

剖面1-1　0 1 3 6m

树┈┈┈┈ 看台

伸展台┈┈┈┈ 树

剖面2-2　0 2 6 12m

剖面图

3-2 剧场 B

戴芹芹

垂直倒置的舞台:

　　搭在崖壁上的舞台让观众产生舞者在崖壁上表演的错觉。同时,为了保证视域,特地增加了一层平台使观众退后,并且向观众席里加了延展台,使演员和观众的交流更为紧密。

村庄中部设计

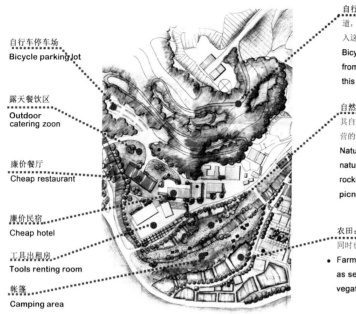

自行车停车场
Bicycle parking lot

露天餐饮区
Outdoor
catering zoon

廉价餐厅
Cheap restaurant

廉价民宿
Cheap hotel

工具出租房
Tools renting room

帐篷
Camping area

自行车道：建造一个环绕全村的自行车道，用来吸引附近古村落绿道的游客进入这个村庄。
Bicycle way: To attract the cyclists from the nearby green way to enter this village.

自然砾石驳岸：改造原有的驳岸，恢复其自然生态的驳岸形式，作为野餐、露营的最佳场所。
Natural rock revetment: Rebuild a natural rock revetment with local rocks to be a distinctive place for picnic and camping.

农田：保留一部分农田，作为景观，同时也为此处的野餐提供食物。
• Farm land: Remain some farm land as senery, and to provide some vegatables as well.

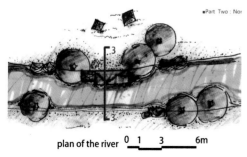

plan of the river 0 1 3 6m

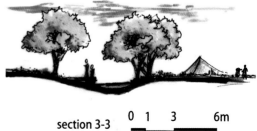

section 3-3 0 1 3 6m

将驳岸改造成自然驳岸

加入景观平台，使人们可以与水更亲近

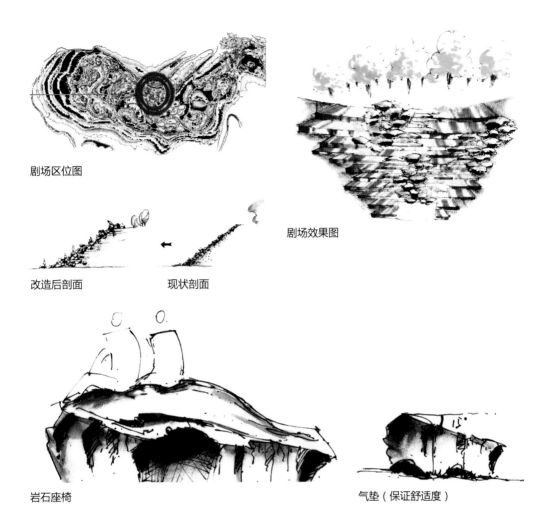

剧场区位图

剧场效果图

改造后剖面　　　　现状剖面

岩石座椅

气垫（保证舒适度）

3-3 剧场 C

杨正

灵感出处：

　　人天性喜攀爬。场地内的斜坡正好具有改建成观众席的潜力，作为一个具有独特性的剧场。

处理措施：

　　1. 固化（清除落石以保证安全）；

　　2. 设计观众座椅（自然巨石作为一种独特座椅主要服务年轻人；台阶既利于攀爬，又可作为老少观众的座椅）；

　　3. 种植设计作为背景。

剧场描述：

　　剧场依坡而建，形状如扇形。观众席在上，舞台在下，舞台周边也有少量观众席。为了观众的舒适，剧场可提供气垫或毛绒毯，这样观众就不会接触到岩石的坚硬面了。

村北规划

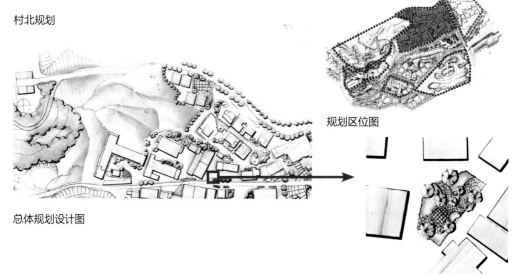

规划区位图

总体规划设计图

小游园平面图

闲庭信步 绿意盎然

村落更新设计：

　　村北原系住宅区，仍保有当地的建筑特色。因此，规划原则以保留特色为主。

　　原居民区（即蓝色建筑区域）现已清空，可用作旅馆。定位于中低消费，主要服务于徒步旅行者、自行车骑行者。

　　该区的主要问题是道路指向不明。因此设计沿规划的主要道路做绿化，寻着绿树花香，游客可享受闲庭信步之悠闲惬意，体味小镇的乡土气息。

　　交流空间必不可少，因此在一个较为宽敞的交叉路口处设计了一个小游园，作为游客交流的场所，来自四面八方的游客，可以在这个小园里休憩、聊天交流、结交朋友。

　　图中棕色建筑区域用作艺术工坊。游客可参与各种手工艺活动，例如雕刻石头、做印章等。游客可以带着自己亲手制作的纪念品，踏上回程。

村南山地规划设计：

　　村南山地邻近金龟村入口，交通便利。可登高望远，俯瞰村内风光，是个很好的观景点。

　　秉承健康生活的理念，修建盘山自行车道。自行车道入口位于进村的主路旁，出口在村内溪水边，与村内的交通相交会。骑行者可以边轻松骑行，边欣赏农田、溪水，并俯瞰整个村子。

效果图

剖面图

终点

村南（山地）

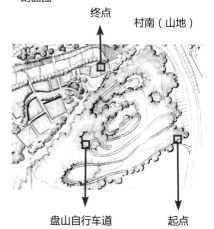

盘山自行车道　　起点

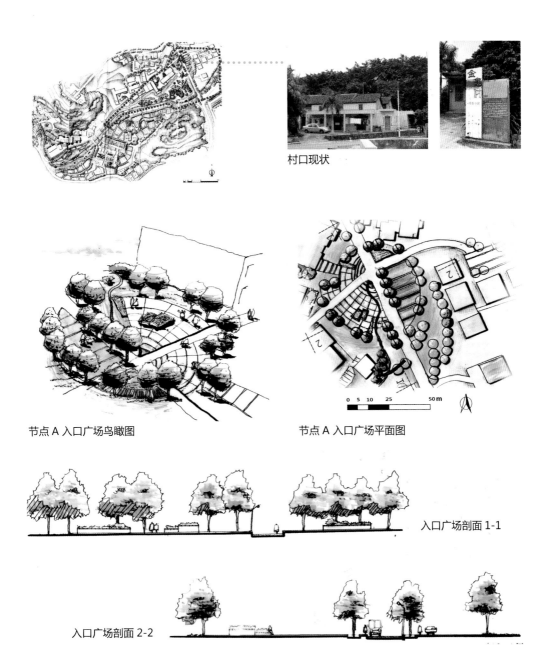

村口现状

节点 A 入口广场鸟瞰图

节点 A 入口广场平面图

0 5 10   25   50 m

入口广场剖面 1-1

入口广场剖面 2-2

3-4 金龟村入口区域

简婧

金龟村入口主要存在以下问题：入口狭窄，不能同时满足较多访客；无显著标识，引导性弱；无固定停车场，停车秩序混乱。

设计策略：

1. 设计标识明确的金龟村入口广场；

2. 广场分设在道路两旁，分散到访人流和车流，充分满足集散要求；

3. 连接主要功能区域：特色民居、宾馆、艺术工坊、河边休憩带、停车场等。

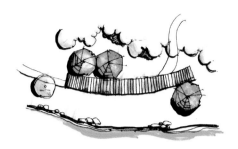

节点 B 林荫道平面图

节点 B 林荫栈道效果图

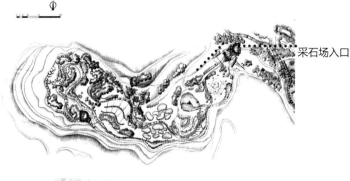

采石场入口

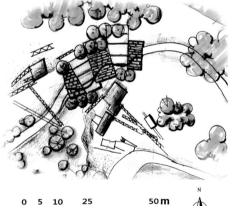

0 5 10   25   50 m

N

节点 C 采石场入口平面图

第四剧场——音乐盒

采石场存在的主要问题是缺乏标志性及林荫。为了满足改造后露天剧场的大量游客集散需求，顺着山地肌理设计透水铺装广场，增加绿化。对于场地现存的大量旧时采石机械设备加以保留，使之成为场地永恒的记忆，增加游客对过去的回味。

第四剧场设计灵感来源于可发出美妙音乐的音乐盒，将之放大到场地，成为与前三个开敞剧场相对应的闭合型剧场。木制音乐盒背靠悬崖，高 5m，占地 96m^2，紧靠陡崖的一侧完全开敞。

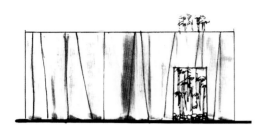

节点 D 音乐盒室内效果图

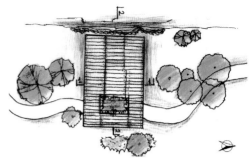

节点 D 音乐盒平面图

节点 D 音乐盒效果图

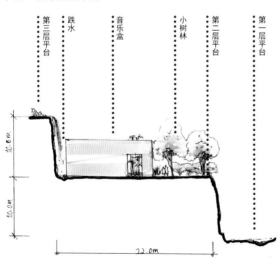

节点 D 音乐盒整体立面图

音乐盒在林荫中创造了一处与自然协调的、幽静的休憩场所。陡崖上的水帘凌空而下与室内的观众互动，旨在让人们在自然环境中休闲放松。室内的主要表演形式可以是独奏、独唱等，可供表演者与观众互动。

当走进经过设计后的采石场，沿着蜿蜒的木栈道走到末端，一个美丽的音乐盒呈现于眼前，让人豁然开朗，心旷神怡。

第三组　设计评析

　　该组总体设计聚焦在采石场的利用上，从最初的将整个采石场设计成一个大型剧场调整为在此设计四个小型剧场，这表明他们对场地尺度的理解有所提升。他们最终将采石场转换成四个剧场舞台，总的设计结构犹如扇形，对村庄入口节点、入口山体、金龟村北部的住宿接待区、现状建筑、采矿区的入口以及四个剧场均进行了设计。但这些场所互相之间在结构上、形状上的连接不是很紧密。

　　设计方案中第二层级的道路穿过整个场地，它应该只限于剧场的运输需求和服务。该道路结束为一条自行车道和步行小径，但其间缺少清晰的等级结构。木栈道上的步行路线看起来有些重复。金龟村入口设计了一个被分解的广场，该广场位于主要通道的交叉口上，且被普通的、不具吸引力的建筑所围绕，因此，入口处并不是一个十分欢迎到访者的场所，实际上，无论是建筑设计还是户外开放空间设计，入口都非常重要。采矿区入口没有在其透视图上显示出自然背景下的露天剧场的美。另外，要使得剧场具有吸引力，沿着参观路线延伸出去的远处的风景，其视觉分析是非常重要的，应该增加关于这部分的考虑。

　　四个剧场代替一个大剧场创造了一个很好的设计机会。但在同一时间演出可能会产生噪声干扰。它们之间在空间上如何衔接需要进一步研究。每个剧场的设计都是针对其不同的位置条件，但在竖向剧场设计中没有得到很好的体现。

　　剧场 1 是一个人工的平地，场景不是由采石场的岩石来支持，绘图很漂亮，但设计结构说服力不强。

　　剧场 2 利用坡地，但剖面图中的新的大块岩石移动来坐不太现实。扇形的设计方案存在一处令人可疑的部分即"距离舞台越近的地方布置的座椅越少"。

　　剧场 3 是反向的。垂直的舞台用于当代的舞台设计，总是很好地照顾到观众的视线。但建在采石场台阶上的舞台除了建造成本高之外，可视性可能不会很好。

　　剧场 4 位于采石场南入口处，包含了一个"音乐盒子"，一个亭子开向一处瀑布，想法很好，但和其余场地关联性不大。

　　村庄南部设计很简单，充分利用旧建筑很好，但对开放空间的提供考虑不够，对村庄整体的改造手法较为平常，没有达到预期的将村庄改造为主要吸引节点的效果。利用山体的自然地形设计蛇形的步行及自行车登山线路，并提供了相当简单的亭台，这些都很好。但野营设备、野餐以及河道上的甲板对其边缘区域会造成负面影响，这些区域不应该进行如图中所示的规则性处理。

总结：

　　景观设计中简单地聚集合适的、独立的开放空间很难达到整体结构上的统一。事实上，要建立这样的整体感，就必须考虑我们所创造的这些独立的空间在尺度上的相互关系、视线上的联系、形式及游览线路上的联系等方面的内容。

设计总平面图

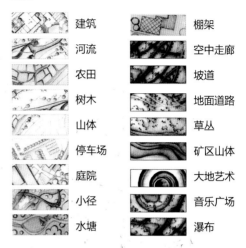

第四组　设计主题"声之谷"

李朝 连欣 柯晓媚 王丁冉

　　我们的设计主要关注声音与空间的相互关系，具体设计策略包括为两个部分：一是通过空间的开敞程度以及空间大小的变换，与声音的制造和传播发生关系；二是运用空间的序列来体现声音的韵律。

　　高速公路西侧的高差以及郁闭树林，将交通噪声阻隔在场地之外，创造了与外界声音隔绝的谷地式场地环境。矿区和沿河的空间具有最大的创造声音景观的潜力，是设计的主要部分。

　　设计分为三个主要部分。一是入口接待、田园声景设计，主要关注变换的空间路径。二是功能性区域和部分农田景观，包括南北村区，声音实验空间，DIY工坊，旅馆餐饮等。三是采石场及其入口，采石场设计了三种不同类型的路径，最终端设计无形的大地艺术，作为整个设计的高潮。

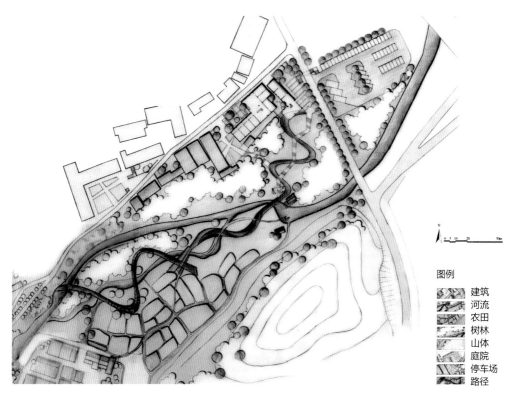

分区平面图

分区索引图

图例

	建筑
	河流
	农田
	树林
	山体
	庭院
	停车场
	路径

4-1 入口 & 路径景观设计

李朝

入口

　　高速公路西侧的高差和郁闭的树林将交通噪声阻隔在场地外，创造了与外界声音隔绝的场地环境，同时带来了在场地中设计与声音相关的实验性空间的可能性。

　　路径蜿蜒的下坡道路将人们引导至田园与河流区。在这个部分，一些可以产生声音的装置和对声音的发生及传播有影响的小空间分布在路径周围。细部设计在效果图中展示。路径也使人们能够与自然亲密接触。不同的材料选用和空间的开敞程度使人与自然的联系不断变化。同时，声音环境也在不断变化，以人声为主导或以自然界的声音为主导。沿十几米外与通向旅店的功能性道路用植物隔离的新路径游览，人们有机会静思并体会与声音之间的关系。

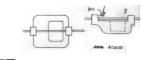

原理图

景观 1、2 效果图

景观 1、2 索引图

原理图

景观 3 效果图

景观 3 索引图

景观 4 效果图

景观 4 索引图

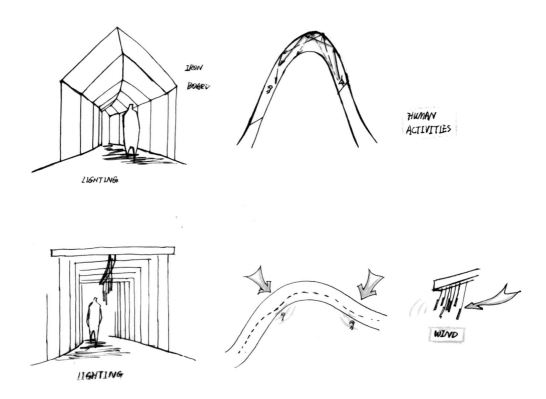

景观 4 原理图

4-2 路径细部设计

李朝

　　蜿蜒的道路和曲折的小路象征着声音的振动和节奏。

　　铁板围合成密闭的空间，阻挡视线，使人不会看到距离过近的破败古村落和茶室的工作

间。巧妙地将三角铁等简易发声装置布置在这部分的起点和终点。人声或装置声在特定的几个场所被强化。

分区平面图

图例

建筑
河流
农田
树林
山体
水塘
棚架
小径

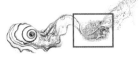

分区索引图

4-3 村落区景观设计

连欣

　　村落连接了入口与矿区两大核心设计区，相比之下自然特色减弱，人文特征明显，承载更多功能性活动。在前期丰富的田园声景空间体验之后，古村落处设计为实验音乐体验场地，并增加休憩空间。梳理村落道路结构，保留大部分建筑和碉楼。对于古村落入口，利用现有的小桥设计有趣的垂直水体声景，桥体高处搭

建竹管廊架，运用水车将河水抬升入竹管内，体验者可从水幕之中穿过。

　　重组老村内道路，设计一个中心环绕型道路，利用现有房屋作为"声音体验盒"。保存现有碉楼，增加一些高空铃声设计，使之成为整个狭长谷地的声音中心。增加半开敞的休憩、交流场地和表演舞台。

景观1效果图

景观1索引图

细节图

景观2索引图

景观2效果图

景观3索引图

景观3效果图

农田区设计中，试图将场地特征转化为声景设计。改变河流和乡间小道的路径，转换空间的开合关系，设计一些独特的声音体验空间。

利用植物围合，创造封闭且独立的安静空间，让人们在静谧环境中体验最真实的自然之声。例如可以聆听叠水、竹架上的滴水击碎石以及竹管与岩石碰撞所发出的声音。

北村落区作为整个村落的居住和餐饮休闲区。转变现有老建筑，将底层打通，增加空间趣味性，面向田野、山体等美景的房屋内可尽享自然的美妙，为人们提供体验最真实的自然之声的机会。此处同时布置一定数量的餐厅、咖啡吧等休闲设施。

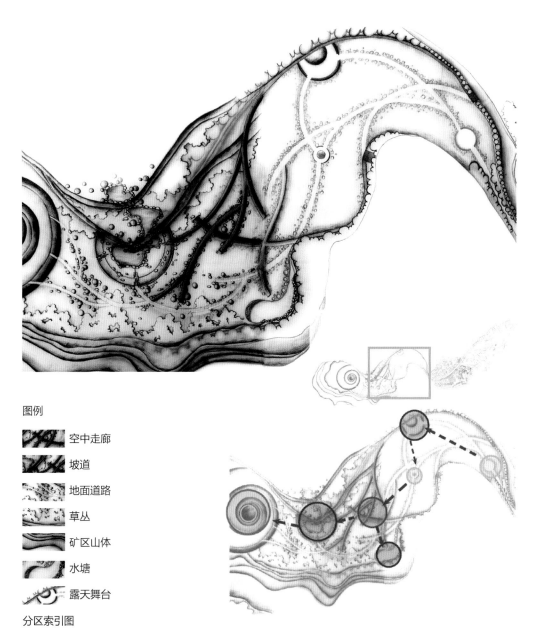

图例

空中走廊

坡道

地面道路

草丛

矿区山体

水塘

露天舞台

分区索引图

4-4 矿区景观设计

柯晓媚

　　正如之前所提到的，我们希望能够利用空间的序列来体现声音的韵律，所以我们所设置的节点，有大有小，采石场的最终端，也就成了整个村子的高潮部分。拥有一个相对隔离的空间对于声音来说是十分重要的，我们利用回音壁的原理创造了许多小空间：四周的墙壁可以加强声音，类似于北京天坛的圜丘。

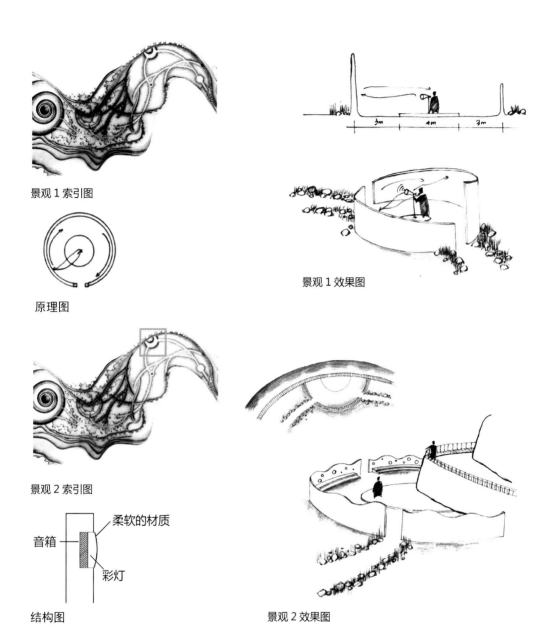

景观 1 索引图

原理图

景观 1 效果图

景观 2 索引图

结构图

柔软的材质

音箱

彩灯

景观 2 效果图

　　墙壁也不再是简单的钢筋水泥，而是由不同的材质做成，可以让人更好地体验到不同的材料对声音的不同反射率。同时也避免了传统的方方正正的形式，带有波浪形，在增加场地的趣味性的同时也可以与"声波"相呼应。

　　设计一个靠着山体的露天舞台，为本土的艺人提供一个展示自我、展示原生态音乐的平台。同样，相对封闭的空间能够加强舞台上所发出的声音效果，让表演更具特色。在四周的墙壁里镶嵌有许多音箱，音箱表面是一些像布、纸等柔软的材质，能够随着声波振动，能够吸引人们更好地去倾听声音，触摸它，感觉声音的振动。

　　除了坐在墙壁边缘的座椅上，还能够在山上观看小剧场的演出。

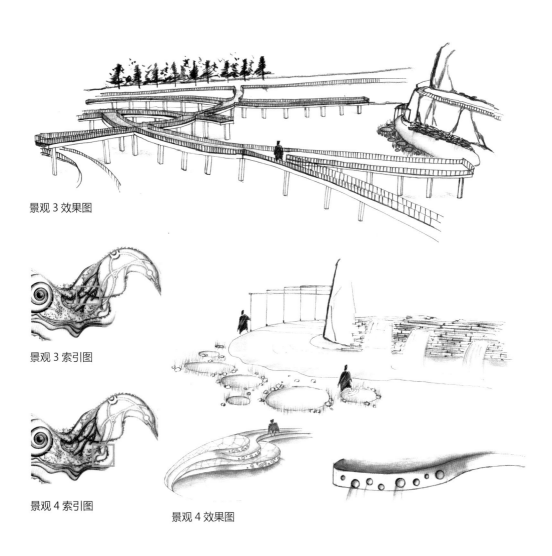

景观 3 效果图

景观 3 索引图

景观 4 索引图

景观 4 效果图

　　游客可以从采石场入口处的台阶登上山。如果突然想下山，那么有两条不同的路径可供选择。一条是架高了的路，一条则是坡道。在高架天桥上，你可以以一个全新的角度站在采石场的正中间看这个场地。我们没有设计场地的其他地方，只是把石头运回来重新铺满场地，力图让这块土地重现它最原始的美。

　　在现有的场地，我们发现了许多大大小小的水坑。所以我们利用场地现有的条件设计出许多小水池，让人们亲近水。在山的一头，添加了类似于琴弦的装置。风吹过，或是用手拨动，它们就会发出美妙的声音。在水池边缘的台阶上，利用"响石"的原理，让水以不同速度从大小不一的洞中喷出，呈现出不同的韵律。

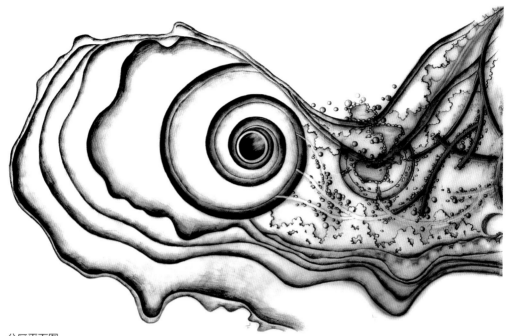

分区平面图

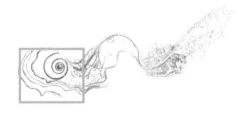

分区索引图

图例

 空中走廊

 坡道

 地面道路

 草丛

 矿区山体

 大地艺术

 音乐广场

 瀑布

4-5 矿区景观设计

王丁冉

　　由于矿区粗犷、天然且自身景观已经颇具审美价值，因此对该区的设计本着"最少"的原则，大地艺术的构思应运而生。方案灵感来源于两方面：第一个是耳蜗的形态，因为耳蜗是人体的听觉器官；第二个是海螺，有种鹦鹉螺的内部结构具有黄金分割的和谐美，并且如果把海螺靠近耳朵，能够听到大海的声音。虽然这个大地艺术是无声的，但这种有含义的寂静也许更能表达"声"的意义。

　　设计利用现状地形来收集雨水以形成瀑布，这是可变景观，当水源充足，该瀑布景观能够水力驱动发声装置而产生音乐；如果没有足够的水源，这里仍会是很有趣的岩石景观。经由发声装置发出的声音会经过装置所在的山体空腔进行第一次放大，如同共振腔；在圆形景墙处得到第二次放大，其原理与北京圜丘类似。

景观 1 效果图

原理示意图

景观 2 效果图

原理示意图

景观 3 效果图

景观 4 位置图

场地共有三种不同种类的道路。第一种是如左图所示的道路，由场地现存的石头和高草围合而成。第二种道路是抬高的，不仅能够让游人欣赏矿区整体的壮观景象，还可以为下层提供阴影并划分空间。第三种道路是坡道，用来连接前两种道路，并为游人提供一种富于变化的视觉体验。

第四组　设计评析

在当代音乐的争论中，声音与空间的关系占据了争论的中心位置。这一组所涉及的很多声学维度确实很难用图来表达。他们尝试将活动、游线甚至是空间序列定位下来，在最终的设计方案中，这些过程可能无论在空间对于"发现、交流和探险"的支持上，或者是在空间和声响的关联性上，都处理得不够到位。

设计结果应该对声响产生的机制有清晰的定位，理清声学状况与景观空间的联系是很难的，这种关系的清晰处理多发生在音乐厅设计中。这一组在"入口"处的路径设计为感知声音提供了有利的条件，因为在路径中穿行能够产生多样的声学认知。在"中心"区域，"蜻蜓"的理念指导着设计是设计的主要目的。声音"结构"、水柱等作为制造声音的机器，或者收纳声音的装置，这些与听觉条件直接相关，但它们都难以通过规划、设计或者管理而成为设计标准。

在每一处村庄或者农田中，都构想了很好的声音装备，但是没有转化为良好的空间。树木、竹子、凉棚、水滴、钟楼设计目的不明确，试图通过引导和组织游览者去聆听声音显得有些多余，因为游览者都是解读声响真正的大师，他们自己能够辨别和享受声音中的乐趣。

在矿山的设计中，有一些具有吸引力的装置和图画，如耳语画廊、露台，但太过人工化的游线设计将这些装置变成了"声学地标"，平面上的"海蜗牛"图像既不能产生振动又不能被经过的游览者理解，所以说那些桥和坡道的配置没有必要。另外，"水力音乐盒"是否能够作为一个提升大空间质量的设计值得商榷。

总结：

这个设计主题非常有趣，但是想在大尺度的开敞空间中将声音转化为空间形式确实很难。漂亮的手绘设计图没有穿透场地的感官而设计，没能把理念翻译成空间形式或者转化成能对人造成影响的声学仪器。关于声音与空间关系这方面的知识，可以借鉴音乐方面的知识，"咏叹调"、"二重奏"、"三重奏"以及合唱均能很清晰地定义空间，设计可以从这些音乐信息中获取灵感。

第五组 设计主题"时间简史"

陈雨虹　孔亮集　梁方霖　谢连风

　　改革开放以来，深圳以惊人的速度从一个小渔村发展成现代大都市，这样的"深圳速度"创造了城市的繁荣，但也给置身其中的人带来了巨大的生存压力，以致威胁到人们的身心健康，剥夺人们本真的快乐。因此，我们提倡在金龟村这个生态和人文气氛俱佳的地方创造一方宁静，人们在这里慢下脚步，再次感受时光流淌的从容，聆听自然和内心的声音。

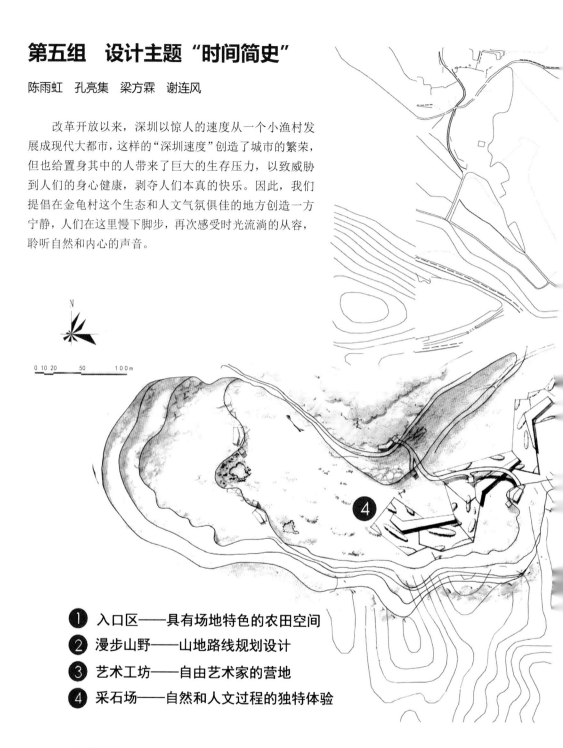

① 入口区——具有场地特色的农田空间
② 漫步山野——山地路线规划设计
③ 艺术工坊——自由艺术家的营地
④ 采石场——自然和人文过程的独特体验

设计总平面图

逗留空间
Lingering

逗留空间：这种空间能使人们停下前进的脚步，注意到场地的事物和活动，从而问到身心的放松。
Lingering space.People will stop going ahead in this kind of space and notice landscape and activities on the site to relax themselves.

漫游空间
Wondering

漫游空间：往往是曲折的线形空间，人们能在里面悠然散步，获得步移景异的乐趣。
Wondering space.It often appears as a curve.People walk easily and freely and enjoy different landscape as walking on.

参与式空间
Participating

参与式空间：空间中有多种参与式的活动发生，如园艺制作，在这里，人们动手参与物品的制作和空间的改变，并与别人产生交流。
Participating space.In this kind of space.people participate in different activities, such as horticulture. Communication is also very important.

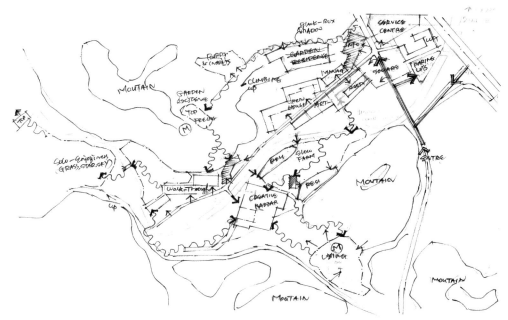

路线概念规划

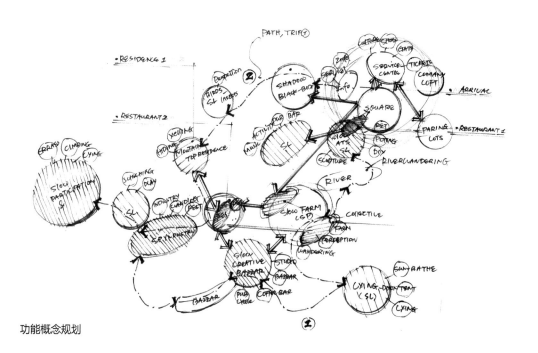

功能概念规划

⑤ 停车场 parking lot
⑥ 红色通道 red channel

① 沙漏喷泉 hourglass fountain
② 入口建筑 entry building
③ 露天餐厅 outdoor restaurant
④ 林下木栈道 wooden footway

⑦ 滨河小广场 riverside small square
⑧ 拱桥 arch bridge
⑨ 农田管理房 field management house
⑩ 篝火广场 bonfire square
⑪ 池塘 pond
⑫ 田间舞台 field stage
⑬ 锯齿休闲带 riverside leisure space

⑭ 农田管理房 field management house
⑮ 思亭 thinking pavilion
⑯ 池塘 pond
⑰ 木质眺台 wood overlook platform
⑱ 池塘 pond
⑲ 木质眺台 wood platform
⑳ 艺术餐厅 art restaurant
㉑ 阳光宾馆 sunshine hotel

A-A 剖面图

5-1 入口区

谢连风

　　依据场地现状，设计出具有场地特色且活动丰富的农田空间，与城市的忙碌、喧嚣相比较，这里休闲且宁静，没有"咆哮"的机器声，没有"刺耳"的鸣笛声。这里的山与水、林与田相依缠绕着，显得格外本真、可爱。一个独立的空间，让你深深思考。一处可参与的场所，供你惬意地交谈。一条田间小路，领你感受泥土的芬芳。一个眺台，为你再现场地的智慧。一把锄头，给你体验劳动的机会。时间在流淌，我们的生活除了匆忙的追随外，还应有什么？

入口效果图

停车场效果图

林下通道效果示意图

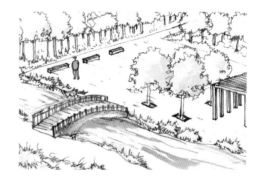

滨河空间效果示意图

入口处的设计突出较强的标识性和主题性，保留原厂房建筑骨架，并采用现代有机玻璃和醒目的红色对其进行改造，使入口具有较强的标识性和内部可见性。

停车场的设计充分考虑场地与周边住区以及河流、道路的关系，组织流畅安全的交通线路，红色廊道结构作为引导，一直通向入口区，与入口建筑相呼应。

密林景观位于入口与农田景观之间，发挥着重要的联系和通道作用，为保护其生态性，仅在林下设计木栈道和小的景观设施，营造行走时的凉爽与惬意。

农田景观效果图

农田区的设计灵感来源于场地本身。根据场地的高差变化布置水网，滋养农田的同时，构建了景观系统的骨架结构。水网（其中包括两条景观轴线）联系着各种景观点，如思考的空间、远眺的空间、参与的场所，还有漫游的农田道路系统。

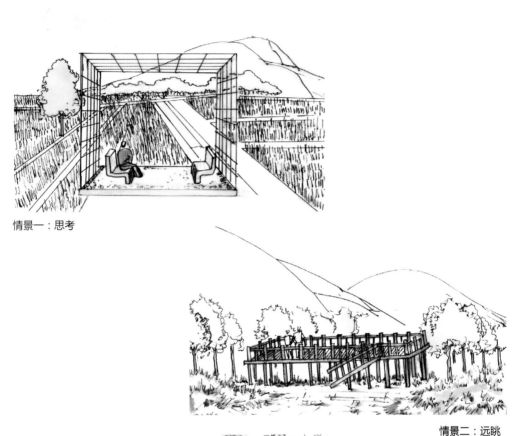

情景一：思考

情景二：远眺

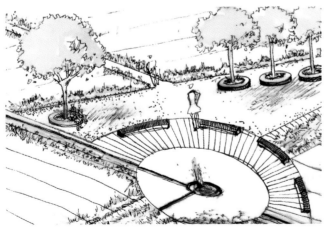

情景三：参与

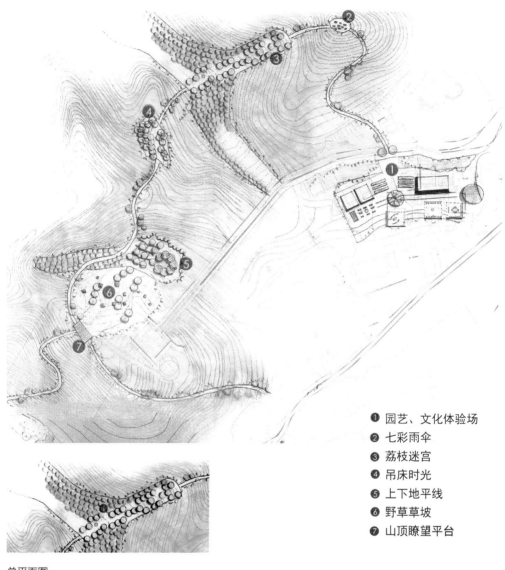

① 园艺、文化体验场
② 七彩雨伞
③ 荔枝迷宫
④ 吊床时光
⑤ 上下地平线
⑥ 野草草坡
⑦ 山顶瞭望平台

总平面图

5-2 漫步山野——山地路线的规划设计

陈雨虹

金龟村群山环绕，山地路线可以提供充分接触自然的机会和丰富的活动体验。方案尽量利用场地条件，利用自然材料，创造逗留、漫游和参与的时空体验。首先利用山地的自然地形创造徒步路径，并和金龟村的其他游赏目的地连接起来，然后在适当的地方创造体验场所。

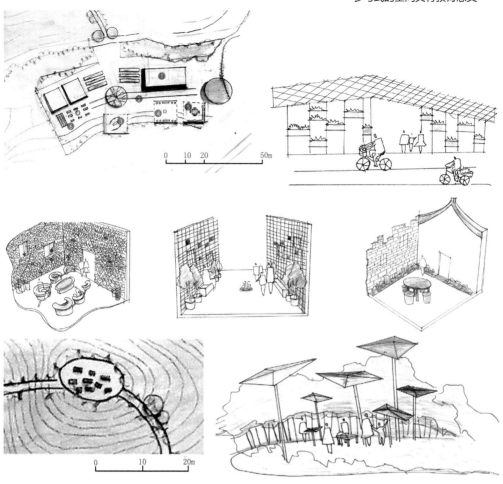

展馆和自行车轨道

　　该建筑的高可为 4～5m，由架空的钢构架构成，内外视线通透，里面可以进行园艺和生态知识的展示，配置咖啡吧。自行车轨道贯穿场地东西，体验骑行乐趣同时也可以浏览整个场地的景观。

场地记忆

　　场地中有不同年代的房子，因此，保留具有代表性的两种，即 20 世纪 80～90 年代建造的现代住房和更早时期建造的住房，

其他进行整改，将其变成可为当代人使用的空间。

七彩雨伞

　　此处为山地路线上的第一个山顶，是由周围的植物和场地中的彩色伞构成的空间。其中，不同高度的伞具有不同的功能，可以作为遮风挡雨的棚、桌子、椅子，甚至是可供攀爬的器具。另外，这些伞和植物可以营造不同的光影效果。

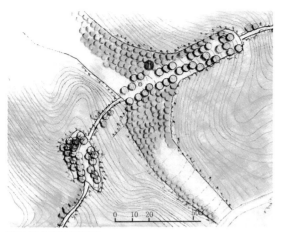

荔枝迷宫设计平面图

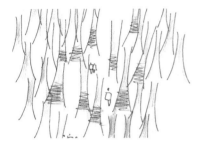

效果图

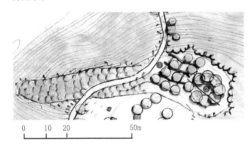

上下地平线设计平面图

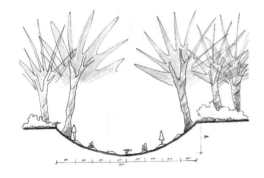

下地平线

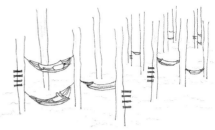

吊床时光

上地平线

吊床时光

整理原始地面高程，将处于同一高程的树木之间按一定的规律安装不同高度的吊床，较高处的吊床可以通过简易木梯上下，这样，可以和上下及左右吊床的人都产生互动。

迷失荔枝林

此处原为荔枝林，要将其保留，只对部分的树木和其林下做一定处理，例如在树上贴上标志物，作为荔枝迷宫的线路提示。在迷宫的出口，设置一个小喷泉，其水声引导人们走出迷宫，同时尽头处也给游客以惊喜。

上地平线

此处的体验在树上，在树阵之间搭建木质平台和上下楼梯，在树上布置半私密的小空间，最多只容许两个人进入，在树阵的西南端，可以望见"下地平线"。

下地平线

"下地平线"是由大树围合成的下陷空间（原地形即低于周围地面），设置处于不同高度的躺椅，人们可以躺下来透过树林的空隙看到天空的一隅。

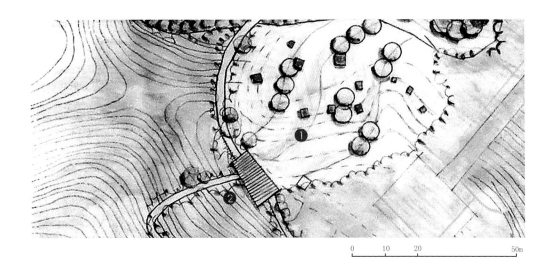

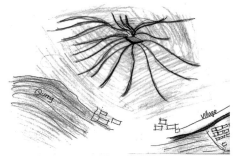

分区平面和意向图

野草坡地

    结合原地形塑造野草坡地，其上散布着镂空的钢丝床，躺下来可以和野草亲密接触，并可仰望天空。

山顶瞭望平台

    其上，西南方向可眺望宏伟瑰丽的采石场，东南可俯瞰金龟村和对面的群山，之后可以择路下山。

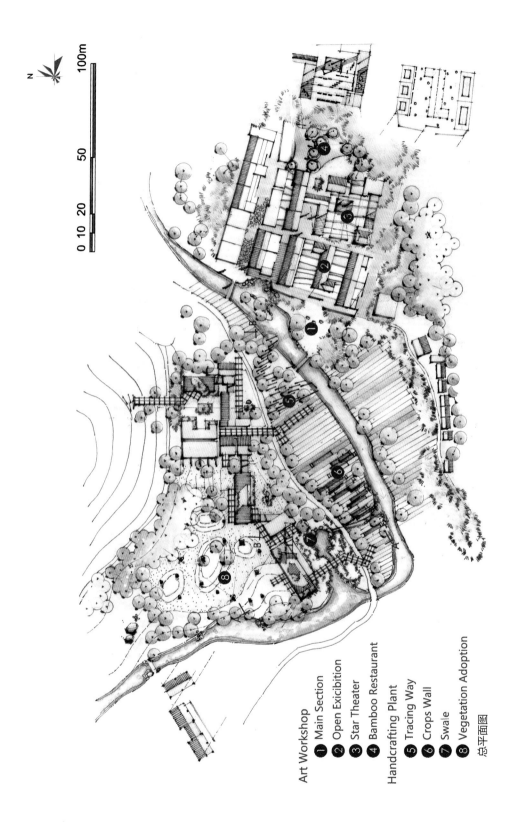

0 10 20 50 100m

Art Workshop
1 Main Section
2 Open Exicibition
3 Star Theater
4 Bamboo Restaurant

Handcrafting Plant
5 Tracing Way
6 Crops Wall
7 Swale
8 Vegetation Adoption

总平面图

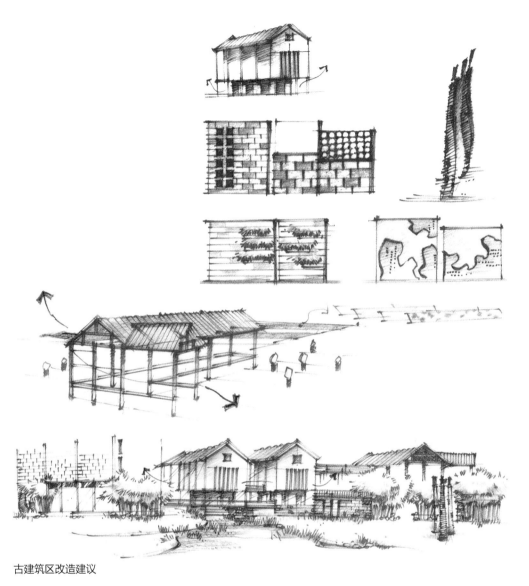

古建筑区改造建议

5-3 艺术工坊

梁方霖

这是一片富有自然和人文情趣的地方，人们在此停留、穿行，自由选择下一个路口；这里不是钢筋混凝土森林，是一个保留着砖墙和灰瓦的地方。这里是所有热爱艺术的人们舒展才思的地方；玻璃制造、印染工艺、陶器、艺术工坊、星光剧场、阳伞下的竹林餐厅都经过精心设计，你来吧，加入我们，让艺术的思绪游走。

建筑一层架空，让建筑立面通透，使用镂空雕花或丝网印技术；入口标记："在此，你可以记录你对艺术的感悟或情思，任何语言都允许"。

防水印染布：可以印染或绘上你喜欢的图案，用来做天篷或界定空间。

A—A 立面效果图

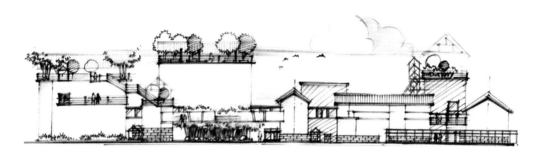

B—B 立面效果图

艺术工坊：

不仅仅是艺术家的栖息之地，更是为热爱艺术的人们准备。

阳光下的竹林：

埋藏在大自然之中，特制的钢柱和艺术伞看上去别致可爱，一杯咖啡，就可以让你忘却时间的滴答声。

星空剧场：

根据场地现有地形布局，吟唱、演奏，欣赏者们自得其乐。

丛林中的脚印：

  你可以坐在伸出水面的木条上，将脚伸入水中，触感一定很特别。每一条沿河的田地尽头都有一个灌溉用的水箱。自己来浇浇水吧，见证那一片田地农作物在时间的催化剂之下一点点长大。

植物认领：

  每一颗种子都值得珍藏，每一片山林都值得记忆。随意走走，在你喜欢的那一株面前停下脚步，静静欣赏。

  植株的容器由木架支撑，环保简约。

采石场入口

5-4 采石场

孔亮集

采石场是自然和人文双重过程的产物，它的独特现状应该得到尊重和保护。在这样一个场所中的感知体验和探索将是迷人而有趣的。为了平衡人类活动和场所保护的需求，我们创造了一种木毯的平台形式，而它的外形正是来源于场地本身。

选择的权利应被归还于进入场地的访客，而非操控于执拗武断的设计者之手。木毯终止在谷地中央，至此人们已经获得了丰富的场地感知，可以选择继续前进、驻足停留或是转身返回。

野草分隔的漫游空间

木平台是一种低调的空间介入模式，在舒适整形与粗犷的散形之间，场景中的人要自己寻找微妙的平衡。

渗透入木毯的花簇分隔行进空间，野草是宏大工业遗迹的卑微呼应者。

木盒

在野草岩石簇拥的谷地伸出瞭望与庇护的木盒，静静地等待着探索者的光临。

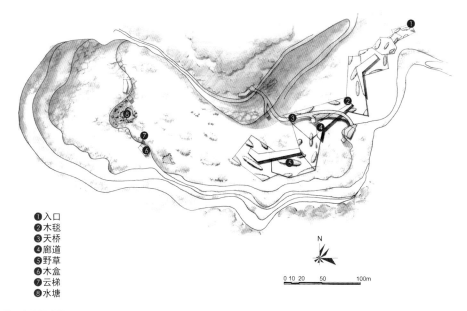

①入口
②木毯
③天桥
④廊道
⑤野草
⑥木盒
⑦云梯
⑧水塘

采石场平面图

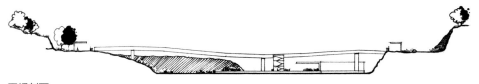

天桥剖面

木毯剖面

云梯与木盒　　　　　　　　　木毯透视

第五组　设计评析

这组学生对场地上的所有建筑做了分析，分析结果证明无论是个人认知还是精彩想象都可以结合到设计中。设计方案主要基于个人认知以及对场地上的建构筑物及其细节自由而生动的描绘。

该组的设计理念开始于一个从"抽象思考"到"实体空间设计"的有趣的讨论。设计的目的是憧憬新的生活方式，基于这样的设计理念，创造了慢速徜徉、随性漫游以及游览参与的机会，设计的效果既充满概念性又令人感到震撼。

这一组设计表达很好，梁方霖同学的手绘图画出了充满生活气息的场所。陈雨虹同学的设计中，展示了"位置"作为典型的"空间设计"，例如入口象征着到达天堂、游线是攀登地球、建筑是享受文化的工具、矿山是欣赏自然的契机。但是我们的设计任务是在景观设计中，将人的态度翻译为直接的空间语言，这一点在设计中没有得到很好地诠释。

梁方霖同学的设计中将贬值的房屋转变成了外形上的变异序列，描绘出了气流在其上、其下、其中穿过，流转的空气证明了孕育其中的鲜活生命。这些设计都为游览者提供了把自然过程与文化转型相比较的机会，例如星形剧场、艺术工坊、竹林餐厅等等。

矿山景观设计再次展示了路径、阶梯、地毯式平台、垂直节点以及一座桥，这组设计在表达上稍显逊色，但是它形成了一组低调收尾的景观。所以在很大程度上这一部分设计是整个"设计乐章"的和谐组成部分。

总结：

这组设计练习，在将"设计的感官欲望"转化为具有社会价值的"空间方案"方面，有着典型的代表意义。速写训练了设计语言的快速"翻译"能力，把现存的用地和建筑转化成具有文化价值的场所，是非常成功的。

另外，这一组的设计成果很好地证明了好的线性分析需要辅以相关的空间方案，仅线性方法是不够的。

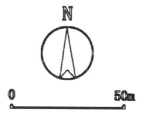

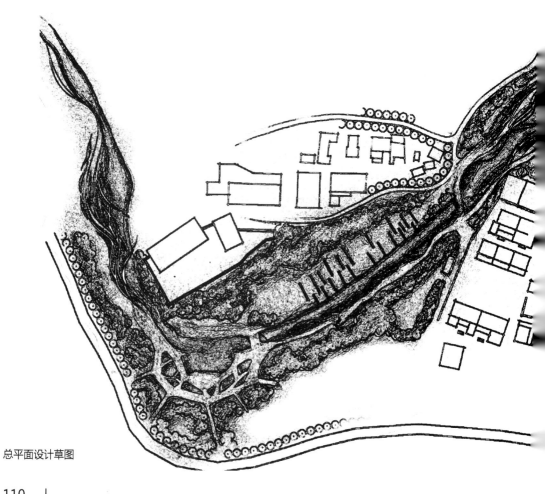

总平面设计草图

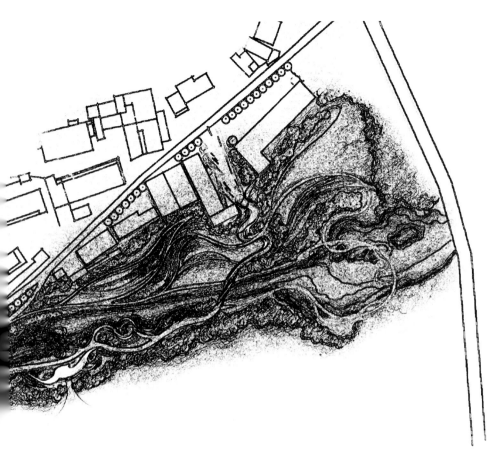

第六组　设计主题"流动"

何宇馨　王润滋　杨晓东　刘迪

　　依据对场地的感知，本组将场地中的河流作为设计理念的承载对象。而从场地的河流，到流动的印象，再到设计语言的转译的这一过程中，四位同学则分别选取了不同的方式。但无论是连续的景观装置，还是独立的建筑组团和多样的古村环境，和流畅的河岸空间这些设计都在诠释着"流动"，包括个人感受、环境的外在形态以及两者的对话形式。

效果图

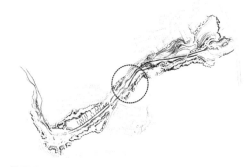

位置图

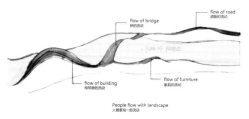

景观过程图

6-1 流动的逐水小筑

王润滋

　　场地位于原金龟村农家乐附近，是游客最常停驻、餐饮、休闲的地方，也是人与河流发生关系最密切的地方。遗憾的是现存农家乐与场地关系僵硬，人与河流及河边小筑是分离的。本设计试图通过三个方面的改变，创造与"流动"主题相一致的逐水小筑供游客休憩和赏景；并试图通过设计合理的场地流线和设施给游客提供欣赏美景的最佳视点和与河流互动的最佳环境。

　　1. 应用统一的设计语言即连续的空间曲线来创造流动感；

　　2. 空间界限的模糊包括屋顶和地面的界限、桥和路的界限、河流和堤岸的界限都不是明确分离的，由此创造了流动的空间；

　　3. 通过驳岸的细部设计改善了河流的可达性。同时在路径上串联了几个原有美丽景色的观景点，从而创造了视觉上的流动性。

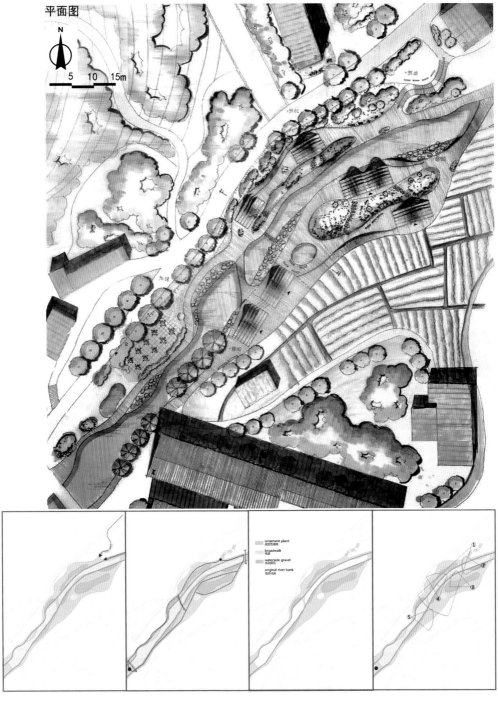

平面图

N

5 10 15m

ornament plant 观赏性植物
broadwalk 栈道
waterside gravel 水边砾石
original river bank 驳岸河滩

到达： 游客经河流沿
岸或经设计的台阶到
达场地

流线： 红点代表起终端，
在沿河两岸的流线上有
三座桥起到沟通作用

功能： 观赏植物区、
栈道区、驳岸卵石区
三个部分

视野： 流线中五个最佳
观景视点

效果图

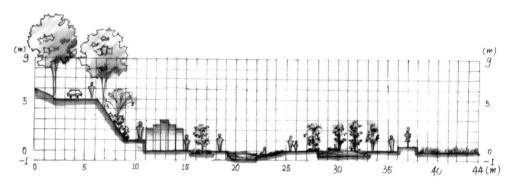

1-1 剖面图

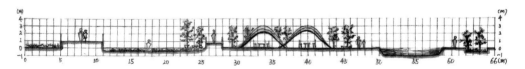

2-2 剖面图

沿河驳岸卵石铺砌的休息地和亲水区

河滨步道创造了欣赏古老榕树的视点

坐在河滨小筑，可以欣赏岸边竹园

流动的空间

　　人们从一侧不能看到另一侧，这就是设置障碍的效果。这些障碍也能创造不同种类的空间，因为它们的存在，人们在行走的过程中流动起来。

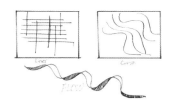

直线、曲线与常规的流动形式

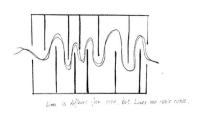

直线与曲线是不同的，但直线可以创造曲线

概念平面

6-2 设计概念

刘迪

　　用直线创造曲线的潜力，让使用者去真正实现曲的线条，通过行走体验发现"流动"的感觉。

　　简单的直线线条是用来设置障碍的，从而使行走变得曲折，于是形成曲线。通过地形的变化，使曲线美丽的线条不仅体现在二维平面上，而且向三维延伸，这也正是"流动"所追求的境界。

　　方案实现了曲线的空间组织效果，但是设计语言里不掺杂任何曲线元素，全部是直线，曲线是由使用者创造和发现的。在河边行走的人们，穿过像沙滩一样柔软的堤岸，回过头来，看到自己留下的脚印，曲曲折折，人生也是如此。启发人们对于生活的思考。

　　与河流三种空间对话方式：

　　一线：沿河流动

　　二线：河上流动

　　三线：与河流一起穿越在老村中流动

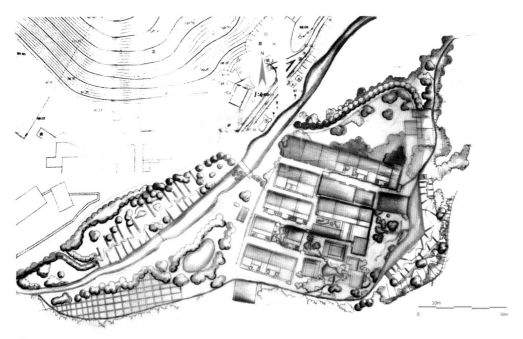

总平面图

二线效果图：

　　河流的支流穿行于老村之中，逶迤蜿蜒，为老村增添了些许生气。设计时尽量保持老村原貌，在外观上稍作统一。

一线效果图：

构筑物按照一定的规律排列组合设置障碍，形成整体的流动景观。同时又自成落水景观，人工抬高的落水与河中的堤坝形成的落水相呼应。

三线效果图：

栈桥。利用相同的设计原理设计种植槽或水槽作为障碍形成流动。在水槽一端的适当高度设置小孔，一定条件下形成落水景观。

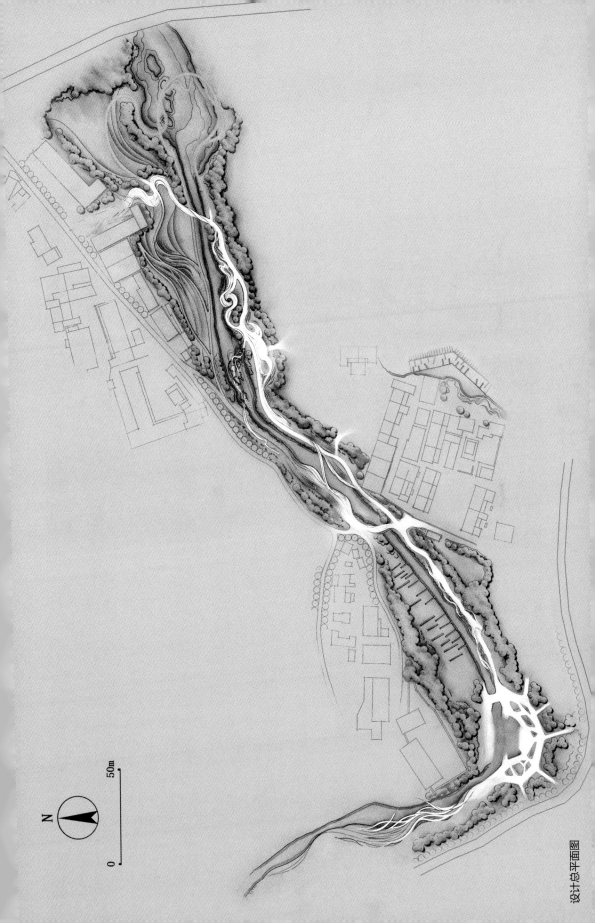

N

50m

0

在座椅和种植池之间转变的装置

转化为桥体结构的装置

6-3 流逝的景观

杨晓东

在该方案之中，作者试图通过一种贯穿于场地的统一的设计语言来诠释场地精神。这一设计语言的主要载体是形式多变的构件。它可以在不同的环境中以不同的形式扮演着座椅、种植池、休息空间、桥梁等多样的角色。人们从这样一种富于连续性的环境中获得不同的空间体验，进而与场地对话交流。

在设计过程中，一个重要的问题是寻求富于冲击力的设计语言与平淡的场地环境之间的平衡点。一方面，将植物、沙石等本地材料运用于方案中有助于对该平衡点的寻求。再者，该设计并非是一个长期固定的方案而是具有临时性的短期设计。类似于日本伊势神宫的迁宫，在这个建成与拆除的过程中，行为本身也是对于景观内在的探讨与诠释。更为重要的是，流动的设计语言与构筑过程本身的变迁一起对"流逝的景观"这一主题做出了一番更为深刻的演绎。

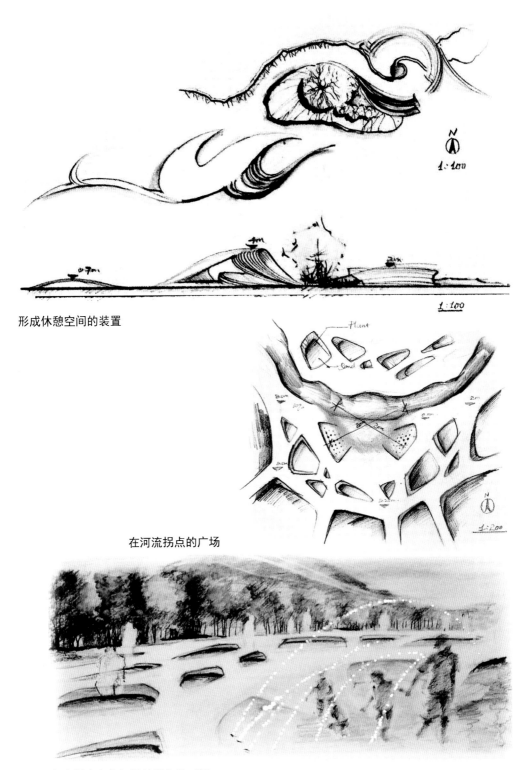

形成休憩空间的装置

在河流拐点的广场

在广场中人们与场地发生的对话

总体效果图

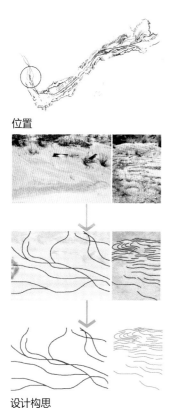

位置

设计构思

6-4　流动的舞台

何宇馨

选址位于采石场的入口，此处在总体规划中被规划为一个滨水的休憩空间。场地的形式灵感来源于场地原有河流和场地上流沙的形态，由草和白沙交织形成的地面肌理给人很深的印象。铺满白沙的场地就像雕塑一样，可以随着人们行走的路径而改变形状。仿佛它也可以自由地流动，作为采石场的入口区域，它的方向有引导的功能。这是整个"流动"方案的结束点，此处旨在营造一种开放、洒脱的感受。

原有场地中，由于河岸与河底的高差以及硬质驳岸，使得金龟河看起来像一条小水沟，人们在场地上根本无法感受到清澈的河流。故方案中对河岸空间重新进行了设计，将其划分为三个高度等级，层层亲近河水，旨在让小小的河流"重见天日"。场地并不主观限定人们活动的内容，人们可以在不同高度的场地感受，自由地选择活动内容，或轮滑，或观景，或交谈。

同时这个场地作为一个过渡的交通空间，场地上设计了三条道路通向采石场和周围的两座山。

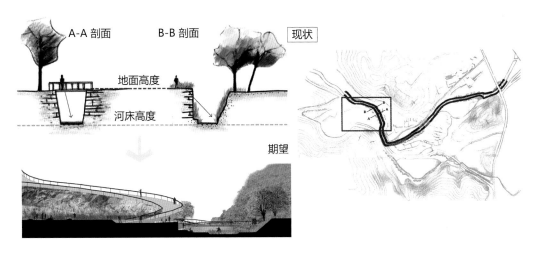

A-A 剖面　　　B-B 剖面　　　現状

地面高度

河床高度

期望

現状分析
总平面

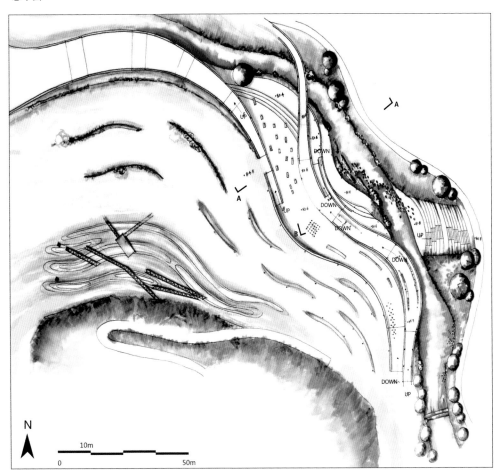

N

10m

0　　　　　　　　　　50m

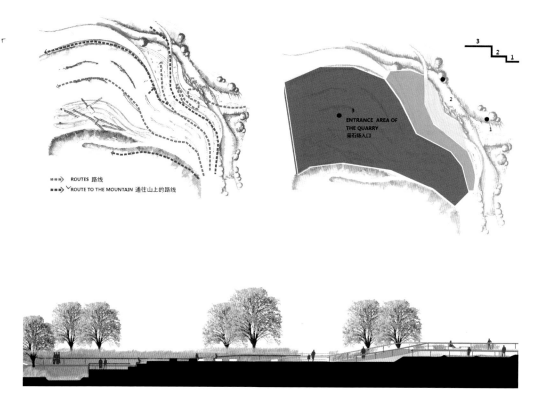

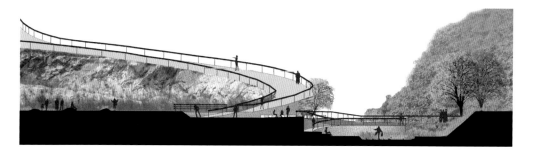

效果图

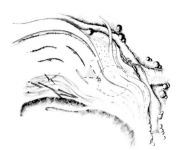

休息设施位置图

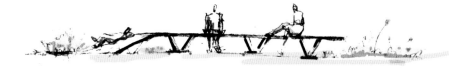

效果图1

效果图2

第六组　设计评析

这一小组的设计方案精彩点主要体现在两个方面：第一，设计源自对"流动"这个词的概念、感知体验，甚至是哲学上的集中讨论；第二，这个设计总体上是围绕河流展开的。场地调研包括场地上河流的尺度、水源、水量等有关的空间设计条件。场地分析主要基于调研过程中的观察和感觉体验，于是，河流的边缘逐渐成为他们表现主题的最重要元素，成为将思想转化为设计的一个重要组件。该设计方案还有一个优点，就是他们通过设计与改造河流的边缘，让我们能够感受、体验并享受日常生活。

王润滋同学设计中思考了功能的结构和转换，并将其转换为一组具有强烈视觉冲击的户外装置，并利用它们重新定义了河流的边缘。

刘迪同学的空间研究是从草图开始的，最后由概念转化成空间环境，并将人的活动考虑进去，所有这些生活场景图渗透和交织进构筑物中，这使得这些构筑物更具有设计感，设计总体风格独特。

杨晓东同学对节点独具特色的描绘以及从入口到采石场的曲折路径，都是对抽象但具有生活气息的、具有雕塑感的空间场景的杰出设计探索。即使这些构筑物是临时的、短暂的，但还是值得我们去建造并体验这些空间。

何宇馨同学设计的由沙子与河水构成的过渡空间就像不断变化的雕塑，但一切都显得太自然简洁，因缺少细节设计而容易被忽视，因为细节中往往蕴藏着美。

总结：

这组的设计是一个非凡的、有野心的设计，是有预见性的高品质设计，它让我们感受到了跨过一条水流缓和的小河的非凡体验。

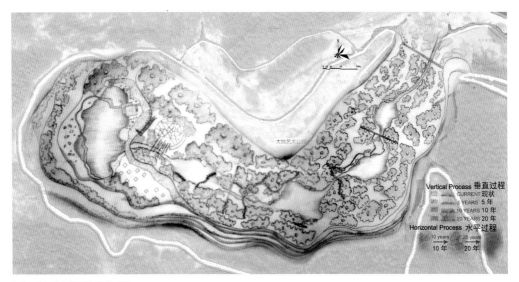

采石场修复设计总平面

采石场现状

第七组　设计主题"场地·过程·重生"
——采石场生态过程体验设计

杨长营　范京　龚钊　唐声晓

设计关键词：最小干预；生态修复技术；低维护成本；富于弹性的空间

1. 采石场的生态系统非常脆弱，要先对场地进行生态修复，包括土壤和植被修复；

2. 本组方案总体上旨在使场地反映一个生态演替的过程。通过土壤改良、群落重建等技术，在场地上以四类不同阶段的群落为主题进行景观设计：即草本群落—灌木群落—小乔木群落—多层乔木群落；

3. 我们连通了场地现有的水池，形成一个完整的水系并强化水系的各项功能。而且，这个水系的水源主要是周围山体收集的雨水。因此这个水系是间歇性的。不下雨时是一处旱溪景观。人们可以自由穿越甚至在河床上散步。

在详细设计阶段，我们根据演替的四个阶段，将场地分为四个部分分别设计。

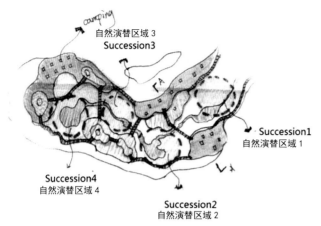

景观分区图

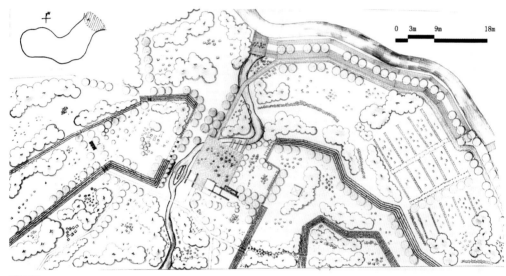

平面图

7-1 第一部分：自然演替区域1

杨长营

这块场地位于采石场入口处，场地上有很多裸露的石块，因此在入口处充分利用这一因素，设置条石阵列。由于场地多台地，所以借鉴意大利"台地园"的设计手法，利用当地的石材以及土壤，设计阶地，台阶上种植乡土植物。保留了采石场的工业遗址，包括一些石柱子、钢筋骨架等，希望给参观者以场地性的提醒。在沿河的地方设计台阶，跟上面的台地元素统一。在台阶尽头，设计了一处跌水，将采石场里的水引入河流，并且形成动的景观。简单的石墙大门设计，界定空间的同时，唤醒人们的记忆，引导视线。

在两边的台地上建造简单的休憩场所，与采石场内的塔形成呼应，抬升观测点，从而吸引人们进入。

节点效果图

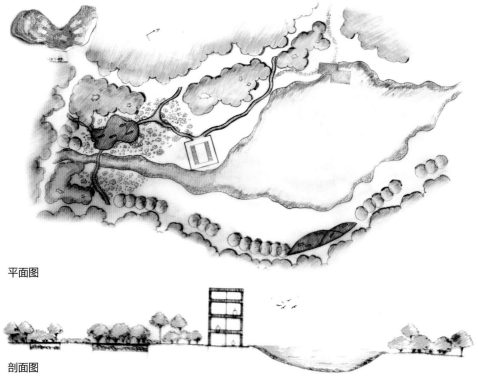

平面图

剖面图

7-2 第二部分：自然演替区域 2

范京

　　场地位于采石场的中间地带，基于前期场地调查研究，结合深圳气候特征，从生态、人性和可持续的角度出发进行设计。

　　生态：减少对自然的干扰，最大程度让自然做工，采用最适合当地环境和气候的乡土植物，减少投入和后期维护却依然可以带来最大的效益。

　　人性：设计木栈道，引导人们穿行于绿色之中，随着时间的推移，木栈道下的石头缝中会长出小草，给人一种行走于石头和野草上的感觉。设计了一座四层楼高的塔，让游客站在塔顶可以俯瞰整个采石场的美景。

　　可持续：无论是设计行走于石头上的木栈道，还是采用最适合当地环境气候的乡土植物都是可持续的。

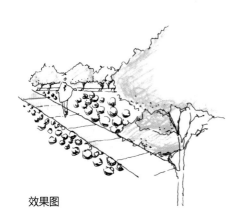

效果图

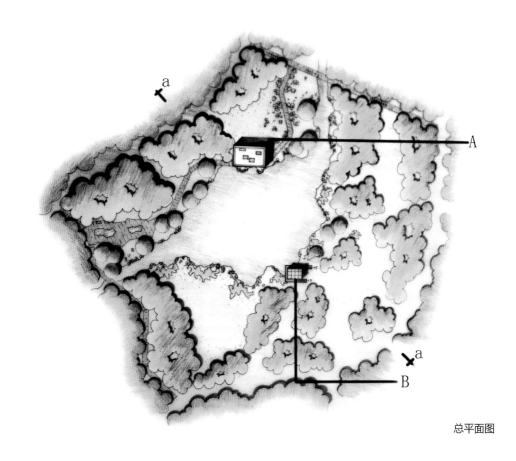

总平面图

a-a 剖面

7-3 第三部分：自然演替区域 3

龚钊

根据前文所讲的设计导则，本部分解决策略的关键词仍然是最少的干预和空间的弹性。由小乔木的乡土植物群落围合空间和形成多样化的路径。除了几处引导性和标识性的节点，其他区域都是自由和富于弹性的。人们在此可以选择任何他们心仪的活动，如休憩、聚会、露营、戏水等等。

本处植被群落在设计的四个阶段中位于第二阶段，以乡土灌木群落为主，而且视线较为开敞，与第三部分的较为郁闭空间形成对比。

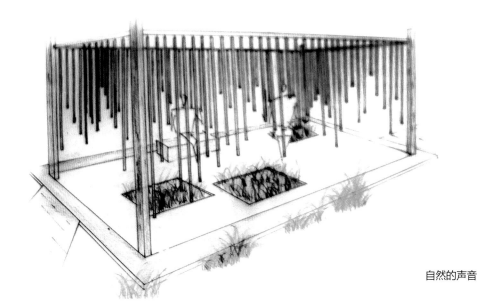

自然的声音

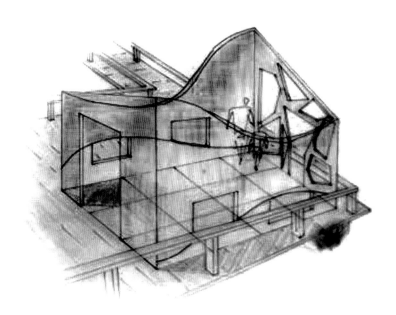

自然的形状

光之形——构筑物主体由不透明材料围合而成，周围有各种不规则的镂空窗，阳光照射进来时形成各种形状的投影。人们由此体验大自然光线和影子形成的过程。

自然之声——构筑物主要由钢管构成，风吹过时这些铁管相互碰撞发出悦耳的声音。这声音正是自然声音的放大。人们由此体验自然风的过程。

鸟瞰图

7-4 第四部分：演替顶级阶段

唐声晓

在总体规划中，主题是演替过程的体验。本部分属于演替的顶级阶段。在此设计一个相对稳定的植物群落，植物种类包括乔木、灌木、地被等。这里的地形非常复杂，从西向东有10m的高差，所以设计尽量减少对场地的干扰。地势西高东低，东侧缺乏空间感，因此在东边设计一些构筑物以及创造微地形以丰富空间的层次，增强空间感。如A-A剖面图所示。

此细节设计是顶级群落演替阶段。在入口处设计了一个小型的顶级植物群落模型，主要通过营造一个平均高度1m的小土丘完成此模型。西边是场地的最高处，可以从此观看到场地的全景。因此在上面设计了一些木栈道，把天然的蓄水坑改造成一个小小的人工湖，湖边设置亲水平台，人们可从亲水平台跃入水中游泳，也可站在其上欣赏全景。湖水根据地形的变化形成了一个瀑布，木栈道从瀑布上方经过，因此可以从上下两个角度欣赏瀑布。

场地的中间设计了一个圆形广场，底面由削平的岩石与场地中的细沙镶嵌而成，以此减少对场地的干扰。小广场用于举行篝火晚会等活动。一条条长长的木栈道连接了广场与南边的小河，它们尺度不一，人们在此可坐可站，或跳跃或戏水。广场的东边设计一个木质花架，上面种有藤本植物。

为了使登上西边10m高的木栈道的过程体验丰富而有趣，楼梯的一侧设计了一个类似墙的高低不一的界面。在墙面做了一些形状各异的窗口，从里向外看，根据窗口大小不同形成不同的框景。

西高东低，空间缺乏层次

改变地形，增加构筑物
丰富空间层次

A-A 剖面图　　0 2　　　　10m

河边戏水栈道效果图

木质花架效果图

阶梯景墙效果图

第七组　设计评析

这一组致力于场地中心区域的设计，简单、多样化和低成本的理念试图模仿自然演化和修复过程，并利用必要的加速重生技术，将一个不毛之地转化为一片绿洲。从草本植物群落进化到灌木、小乔木和丰富的植物群落需要几个阶段的进化，只通过图纸描绘这个过程，缺少生态学知识支撑。

杨长营同学的入口设计，采用意大利台地花园风格，包括台地花园、采石场工业遗迹维护、一个新的门等，但这些设计语汇不是来源于场地上现有的自然文化条件，或来自自己的直觉感知。该组在工作过程中绘制了有趣的、风格独特的草图，发展出一种"系列式"的空间装置如木栈道、台地座椅、门和石头群，但是，再生的目的没有凸显。设计的石阵在古老的英国是有象征意义的，而在此场地中并不存在这种含义。该设计创造性不足，要使设计变得主动，就要充分发挥设计者潜在的灵感，灵感是一种无意识的意外之美。

自然演替区域三的详细设计中，利用铁管的构筑物来"放大"自然的声音，用不规则的镂空窗来捕捉光的形态，这些装置似乎只停留在设计理念层面，又似乎摆放在哪里都可以，与场地自身条件关联性不大。

范京同学在第三部分的设计中，提出了在岩石上架设木栈道的方案，旱季时，可以行走在季节性河流之上。漂亮的塔、池塘、步道等小品形态也富有创意，空间透视显示了一个在有趣的石头上和池塘边旅行的场景。但没有看到有关土地价值的提升措施、对未来变化的预测以及美学意图方面的考虑。毕竟，那些人工蓄水池的补给仅仅来自于雨水，很难由河水提供。多样性、水的再生、如何体验都没有说明。

唐声晓同学关于最后一部分的设计，用一个有趣的横截面，表达了采石场垂直立面和水平的山谷之间的对比。但设计的大瀑布理由不是很充分，在雨水不是很充足的情况下难以实现。通过少量的建设填补了东面场地的空旷，通过栽培植物营造的广场、花架，还有攀爬楼梯，戏水等场所及元素从战略意义上将活动组织起来。另外，她的设计对自然绿洲的诠释清晰而且绘图表达很漂亮。但"文化绿洲"的理解则仍有待发展，需要从寺庙、宫殿、广场、街道中得到灵感。

总结：

该组的设计是一个不太连续的论述，对构建空间的目的不是很明确。手绘出色，但就如何进行再生设计缺乏详细和清晰的表达。如果可以平衡不同尺度的设计，大尺度的生态再生是有希望的。

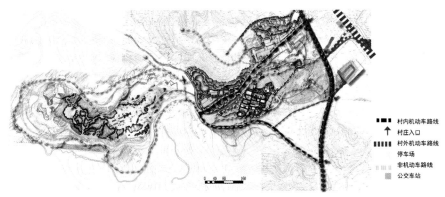

村内机动车路线
村庄入口
村外机动车路线
停车场
非机动车路线
公交车站

交通分析图

徒步
漫步
篝火舞会
扔石头、大喊
享受芳香植物
体验中心、水疗
乡村生活
园艺
农活
艺术体验
艺术工作室
享受草坪

功能分析图

第八组　设计主题"天伦之家"

秦晓晴　苏亚辉　邓子龙　王惠民

　　"芳香理疗"利用芳香植物的特殊香味使人们放松紧绷的神经，并且芳香植物通常有安眠的作用，对于失眠者是一种非常健康的天然疗法。所以我们在老村、采石场入口、河畔以及道路两侧种植芳香植物，起到一种芳香理疗的作用。

　　"简单生活"回归宁静：城市的喧嚣肆意地侵吞着我们的生活，想要寻找一份宁静和思考的空间都是如此的困难。在金龟村的老屋——我们宁静的小旅馆中，安静的可以听到自己的心跳；来到户外，可与新朋老友畅聊心事，思考人生哲理；也可以挥笔泼墨，或者只是闻着花香睡个久违的好觉。

　　"回归童年"像孩子一样释放：放下成年人的面子和矜持，在采石场的峭壁下旁若无人的呐喊，喊出心中的不快，或者像孩子一样捡起石子投向安置在废弃石柱上的靶子，想象那是你的老板或者债主，把情绪发泄出来。抑或在石场的小水坑里打个水漂，寻找童年的快乐。夜晚，篝火燃起，让我们尽情地舞蹈歌唱。

　　"体验中心"：由采石场旧厂房改造而成，游客亲手把芳香植物制成精油，或者干花，将这种花香宁静的感觉凝固，带回到自己的生活中。自给自足：在池塘中摸鱼、在果园农田中采摘蔬菜瓜果，然后亲自烹饪；花园中自己栽植的花草芬芳满园，让人由衷地体会到劳动的乐趣。

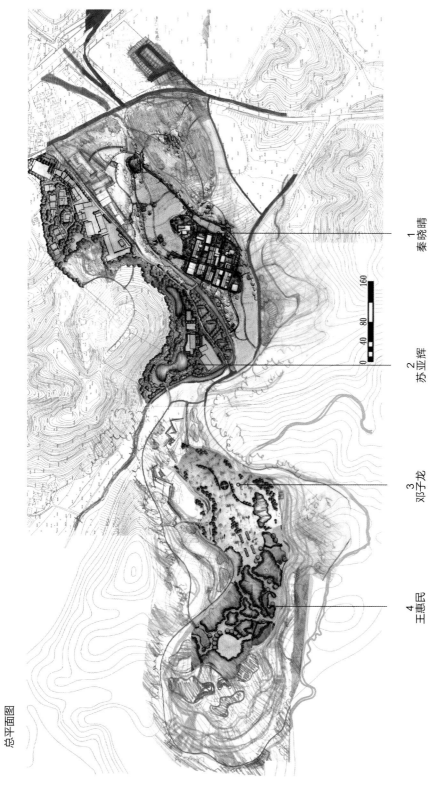

总平面图

秦晓晴 1

苏亚辉 2

邓子龙 3

王惠民 4

0 40 80 160

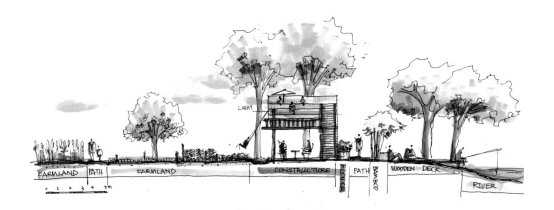

农田河流剖面图

8-1 简单但吸引人的乡村生活

秦晓晴

    此区位于场地东面，河流以南，绿树成林的山坡、农田、古村是这一区域的特色。

    东北主要入口道路交叉口也是将河流引入农田的灌溉渠的起点。在这里设计了一个有鱼的水池和一个有廊架的集散广场。农田区域保留现状，供人们开垦劳作，其中点缀几个两层的人工构筑物，可引导视线和供人在不同的高度停留赏景。农田与河的交界处改造为乡土植物覆盖的坡地和木平台，形成一片自然宁静的休憩场所。农田中央、沿河、沿山脚各有一条

道路引导人从村子的北、西、东入口进入古村。其中北侧和东侧为新打开的出入口，并对东侧出入口残破的老城门进行维护。

    村落外围建筑首层改造为通透的落地窗或门，外部与农田交接的区域开辟为环村落花园带，以加强村子与自然的联系。内部拆除少量低质量建筑来增加户外空间，根据大小和位置设计为私人花园或公共广场。村中狭窄的巷道则通过垂直绿化和窗台种植的方式增加活力。

水体
农田
树木
灌木
草地
花卉
道路
广场和院子
构筑物
墙

总平面图

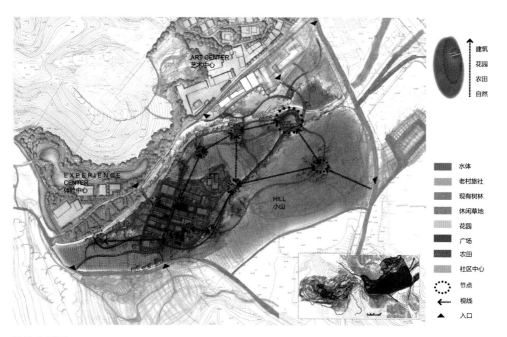

ART CENTER
艺术中心

EXPERIENCE CENTER
体验中心

HILL
小山

建筑
花园
农田
自然

水体
老村旅社
现有树林
休闲草地
花园
广场
农田
社区中心
节点
视线
入口

结构分析图

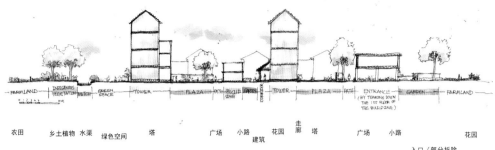

农田　　乡土植物　水渠　　绿色空间　　　塔　　　广场　小路　　花园　走　塔　　　广场　小路　　　　花园
　　　　　　　　　　　　　　　　　　　　　　　　　　　建筑　　　廊

入口（部分拆除
现有建筑一层）

老村剖面图

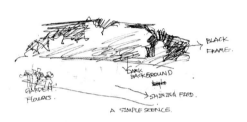

田野景观

老村东入口现状

老村东入口

老村北入口

老村民宿 - 花园 - 农田 - 远山

村中广场

RULER AT DAYTIME
LIGHT AT NIGHT

白天：测量植物生长的尺子
夜晚：灯光

SOLAR PANELS.

太阳能板

田野中的"尺子"

田间构筑物立面

鲜花点缀的老村巷道

入口水塘

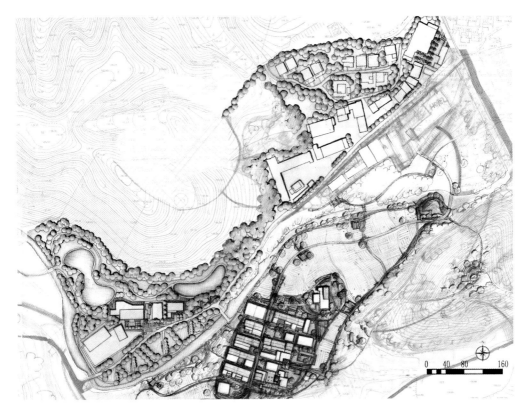

村落入口及体验中心总平面图

场地区位图

8-2 村入口及体验中心设计

苏亚辉

　　此区的两个主要功能首先是入口起到吸引、导引游客的作用，其次是体验中心让游客有丰富的体验和互动。场地中有多种不同类型的供游客活动的小空间。例如，有些场所是供人休息的（如户外茶座），集散广场的景墙则引导游客进入建筑。

　　此外，建筑的外围略作改动。围绕建筑创造小的绿色空间，为建筑增加木制平台等，这些措施使得建筑更加与自然融为一体。

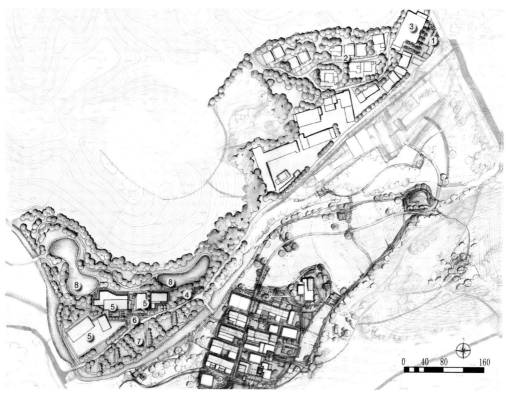

平面图

节点简介

1. 入口：入口水广场吸引游人进入景区；

2. 居住建筑：此组建筑为年轻或者草根艺术家居住用，因其热爱安静氛围，种植大量树木使得此建筑群不为外部高速公路干扰、创造出幽谧宁静的环境；

3. 展览馆：艺术家或者游客的艺术作品可于本展览馆展示；

4. 跌水景墙：水从景墙落下，发出的声音吸引人们来到体验中心。同时，景墙隔离游客的视线，保证了游泳池的隐蔽性；

5. 体验中心：这些建筑供游人享受水疗服务，建筑有两种功能。其一是气味图书馆，游客可以体验分装于盒子中的不同类型的气味，芳香的气味舒缓游客紧张的神经；另一功能是自己动手制造精油和精油皂；

6. 集散广场：供游客集散和休闲之用；

7. 花田：在河边种植有香气宜人的花朵，游客可沿河散步；

8. 游泳池。

体验中心集散广场处的景墙立面图

景墙效果图

水边花田效果图

游泳池效果图

N

区位图

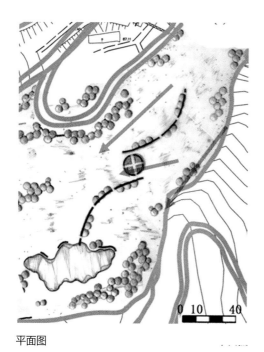

0 10 40

平面图

8-3 采石场入口

邓子龙

　　设计目标区域位于采石场入口以及采石场前半部分。针对入口区位的特点制定出两个设计目标引导和欣赏。

　　引导不是刻意地通过引导牌引导游客，而是通过设计不知不觉地分导人流。如图中的红色箭头所示，两道景观矮墙和芳香花圃将空间分割，提供了三种路线，游客有三种不同的选择和空间感受。

　　单纯的引导未免显得枯燥乏味，结合景观元素以及参与性的活动，使人悦目然后赏心。前半部分的矮景墙和芳香花圃以静为主，可供休憩，欣赏和闻香。后半部分以动为主，游客可以参与到景观中打水漂，与池塘、穿洞景墙、稻草人互动。

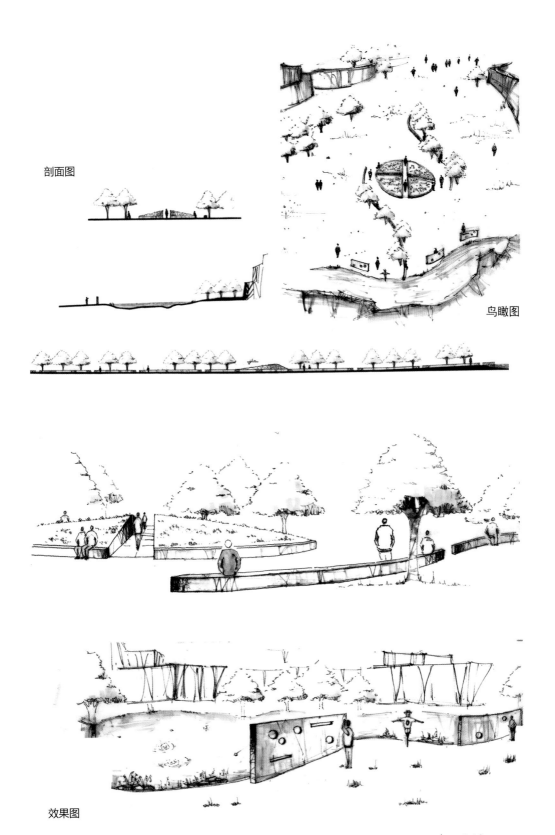

剖面图

鸟瞰图

效果图

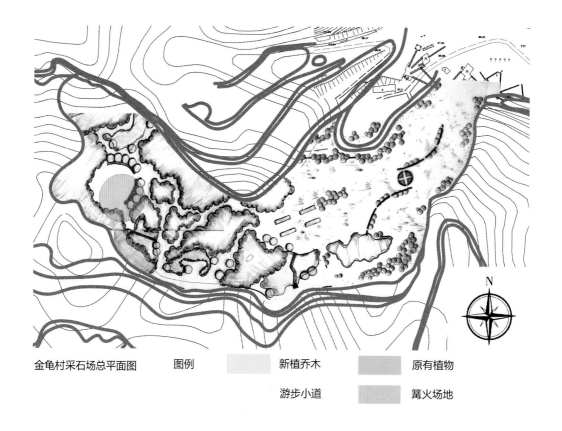

金龟村采石场总平面图　　图例　　☐ 新植乔木　　☐ 原有植物

☐ 游步小道　　☐ 篝火场地

8-4 采石场

王惠民

　　设计尊重采石场原貌，仅通过梳理杂乱的植物形成各种小道，引导人们进行体验。篝火场地的设计不但考虑了座位的设置，还考虑了防风、防雨的需求。火使人联想到古代，那时候人们利用火种，顺应自然，提醒场地的使用者尊重自然。各式的木栈道为人们提供在湖泊上散步、亲水等不同的体验。

水上体验

篝火晚会

第八组　设计评析

这一组的设计练习非常完整，包括分析问题、诊断问题、头脑风暴、规划和设计。设计目标也很清晰，金龟村西北和东南方向的城镇都处在能提供服务、劳动力和回头客的距离范围之内，并且来自两个城镇的公交车均能方便抵达这里，这些积极的区位条件为本设计主题的可行性提供了基础。但学生们可以尝试用更详细的定量过程来预测将来可观的游客数量，可进一步确保项目的可行性。

初步方案运用"天伦之乐"的主题，设计重点放在了怎样创造一个可选择的氛围和空间上。从思想形态角度，这是一个非常好的设计主题。但是，方案中尽管有积极的知觉设计如"花香"、创造简单生活的宁静环境如"在安静中思考"、像孩子一样表现的欲望如"扔石头"以及通过在场地中与他人分享合作来表达内心感受等方式，但实际上没有什么能保证"天伦之乐"，因此设计主题出发点很好，但从设计角度对天伦之乐所需要的空间的设计远远不够。而且没提出一个可靠的过程来理解、享受所提供的设施。撇开关于路线组织的图表不说，场地活动由日常活动如美食和居住、强度逐渐减小的行为组成，并且人们在场地内部更为自由，但设计本身是无法强制使用者的行为的。因此，本设计虽然概念清晰，但是否能确保有效的服务仍然很难判断。

设计中提出了两个游览路线系统，一条从入口的南侧、农田和村庄直到矿坑，另一条沿河岸右侧形成一个轻松的回路，被规划的场地的总体面貌已跃然纸上，依次包括入口、接待和食宿服务设施、农田和改造的村庄、半城市化的节点，最终进入并停留于矿坑。整个方案可实施性很强，但需要与既定目标有关的更富有激情的设计元素的介入，需要更加清晰的兴奋点的创造。

在建筑改造和增加开放空间之间，老村的更新方案找到了比较合理的平衡点，正如剖面图所示的那样，包括东门、开放的塔楼、改变的建筑立面、为实现在开放空间中停留所做的嵌入设计等。保护性花园、面向河流的小广场、面向农田的新开敞空间等的介入在很大程度上提高了村庄的空间质量和吸引力。方案中运用了许多传统的塑造线性城市的语言，这些手法都在手绘图中很好地表现出来了。

河流北部规划了一个休闲度假场地，并配置了所有需要的设施来确保成功运营，邻接河流的入口设计很巧妙。矿坑的入口通过设计可选择的路线探讨了怎样引导人的行为，具体包括一个小构筑物形成的地标、有孔的洞和供扔石头到"海"中的平台。设计方案对矿坑的处理较平稳，曾经是一个有孔的石头山，现在被规划为一个充满着各种荒野植物的草地，有露营地和篝火场，由蜿蜒的小径连在一起。整个设计中似乎缺少新理念的引入。

总结：

这是一个非常完整的设计练习，合理但不够令人激动。今天的快速摊大饼式的城市建设使得设计师不得不去追求"幸福图景"式的设计方案。但这不是我们所寻找的，我们寻找的是适宜、真实并富有美感的物理场所。

总结与思考

本次景观设计教学中采取的集中工作室方法正如我们所预期的那样，在学生们以前专业背景不一以及时间限制的前提下，该形式促进了学生之间的合作及相互学习，由小组设计延伸出的个人创作使得各个学生做到了各尽其长。全班学生的学习热情、团队合作精神及个人设计能力在此次研讨中得到了极大的带动和提升。针对最初设定的课程教学目标，即重点探讨深圳市城市边缘带生态线内与中心城区在景观自然系统与景观人文系统上的联系、客观认识和评价位于深圳市生态控制线内的村落更新及其周边自然区域的可持续利用的条件和内在动力、探讨人性尺度的户外空间设计途径，结合整个设计指导过程，就学生在设计中暴露出来的共性问题，从以下五个方面进行了总结和思考。

第一，依赖私人小汽车的城市边缘带可达性设计

本案场地边界清晰，与周边区域没有功能上的联系，作为大城市边缘地带，场地的隔离性不仅仅是本案所具有的特征，也是我国其他大城市边缘地区具有的普遍性特征。在这类区域，改造更新无论是开发包括高尔夫球场、滑雪场、度假村和主题公园等商业性旅游设施或凭借乡村农用地资源而发展起来的休闲农场及观光农园等，设计师似乎都因场地的隔离性而被动地设计依赖私人小汽车的可达性。虽然公共交通和站点设施是今天设计聚集性空间的最好机会，但在我国大多数类似项目中均被缩减为一个面积或大或小的停车场。此次研讨课上，我们鼓励学生设计以步行、自行车为主的场地内部交通形式，并在场地上形成一个互相交织的网络，这也是对发展可持续交通的回应，但我们如何采用可行的办法，将这种通行方式延伸到场地之外，未来能与中心城区的公共交通网络很好地衔接有待我们进一步思考。

第二，"堆砌式"空间设计难以维护和提升地方特色

景观设计需要构建并遵守一个清晰的空间结构的规则，这也是我们教学的目标之一，简单地聚集合适的、独立的开放空间很难达到整体结构上的统一。多个学生的设计方案中，设计语汇不是来源于场地上现有的自然文化条件，也不是来自于自己的直觉感知，这很难让人理解其与所处的场地条件和特色或者与小组的设计主题之间的联系。另外，堆砌式设计往往使得空间相互之间在结构上、形状上的衔接较弱，甚至使设计目的更加模糊。事实上，要建立空间设计语言上的整体感，我们就必须考虑我们所创造的这些独立的空间在尺度上的联系、视线上的联系、形式上的联系以及游览线路上的联系。

第三，"害怕真空"的表现对城市边缘带景观的潜在威胁

不管是什么专业背景的学生，所有的方案几乎都设计了全部场地。学生似乎都对景观设计抱有一种错误的理解，认为"每一块上地都应该被设计"。各组设计方案均呈现出设计密度过高，其实，低的强度也许会使得方案中的动线结构更清晰、开放空间质量更高。无论是在城市设计还是景观设计中，一定程度的聚集设计主要是针对那些有利于形成一个创造性的至关重要的物理空间而言的，绝对不是针对整个场地。如何在设计图中积极巧妙地留白从而对城市边缘带那些仍然具有生命力的景观尤其是自然景观做到尊重和利用，这需要我们在具体的设计实践中去进一步体会。

第四，"模仿自然修复过程"缺少生态学依据

简单、多样化和低成本的理念试图模仿自然演化和修复自然过程，并利用必要的加速重生技术，将城市边缘带生态控制线内的人为干扰区域进行生态恢复，是近些年来这类区域设计的主要概念之一。但是充满乡土植物、水体、岩石等自然元素的漂亮的手绘图上所表达和期望的往往与现实存在差异，设计中应增加详细和清晰的关于生态过程的表达和必要的生态学知识支撑。

第五，"位置图景"不能代替"功能图景"

"概念规划"实际上是一个位置图景而非功能图景。我们的设计目的不是创造"大地艺术"作品，而是创造"场所艺术"作品。学生们无论是采用户外装置设计或者是图像式平面布局来试图代替空间设计，这些都很难被游览者所理解。各组设计方案中"S型路径"网络的设置，其间缺少清晰的等级结构，存在重复布置和随意布置的现象，这些路径仅仅是对位置的表达而非功能诠释。它们不是基于人体感知尺度而设计的。我们的设计任务是掌握设计目的与空间的关系，设计方案中用来转换人的行为的形式应该能被人们所理解。我们在设计指导过程中鼓励学生从人体感知的角度对户外空间尺度进行思考，这些在各组的设计方案中均得到了尝试，虽然最后成果并非完美，但这种尝试仍将继续。

韩西丽

致 谢

由衷地感谢北京大学基金会设立的"建筑与景观设计学院发展基金"对本书的出版给予的资金支持,该基金由西部发展控股有限公司董事长李西平先生捐赠,他的支持让这本书得以顺利出版。

韩西丽　弗朗西斯科·朗格利亚　李迪华